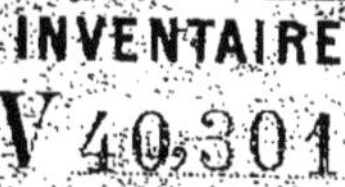

TRAITÉ ÉLÉMENTAIRE

DE

TRIGONOMÉTRIE

RECTILIGNE ET SPHÉRIQUE

à l'usage

DES ÉCOLES D'HYDROGRAPHIE

PAR E. GIQUEL

PROFESSEUR D'HYDROGRAPHIE.

PRIX : 2 FR. 50.

HAVRE

COSTEY FRÈRES, LIBRAIRES-ÉDITEURS

RUE DE L'HÔPITAL, 4 & 6.

A. DELAPORTE, LIBRAIRE

Dépositaire de Cartes marines françaises et anglaises.

PLACE LOUIS XVI, 8.

1860.

TRAITÉ ÉLÉMENTAIRE

DE

TRIGONOMÉTRIE

Havre. — Imprimerie Commerciale COSTEY FRÈRES, rue de l'Hôpital, 4 et 6.

TRAITÉ ÉLÉMENTAIRE

DE

TRIGONOMÉTRIE

RECTILIGNE ET SPHÉRIQUE

à l'usage

DES ÉCOLES D'HYDROGRAPHIE

PAR E. GIQUEL

PROFESSEUR D'HYDROGRAPHIE.

PRIX : 2 FR. 50.

HAVRE

COSTEY FRÈRES, LIBRAIRES-ÉDITEURS
RUE DE L'HÔPITAL, 4 & 6.

A. DELAPORTE, LIBRAIRE.
Dépositaire des Cartes marines françaises de Robiquet et des Cartes anglaises de Wilson
PLACE LOUIS XVI, 8.

1860.

Ce Cours a été rédigé dans le but de permettre aux Candidats de préparer, sans secours étrangers, les matières qui doivent faire l'objet de la leçon du Professeur.

Si quelquefois j'ai rendu la rédaction plus concise, c'est que la question était, à la rigueur, étrangère au programme.

(1) E. Giguet

TRIGONOMÉTRIE.

Notions Préliminaires.

La *Trigonométrie* est la partie des mathématiques dont le but, ainsi que l'indique son nom, est de résoudre numériquement les triangles.

Elle se divise en deux parties : trigonométrie *rectiligne*, lorsqu'elle a pour objet la résolution des triangles rectilignes obliquangles ou rectangles; trigonométrie *sphérique*, lorsqu'elle s'occupe des triangles sphériques, ou triangles formés sur la surface de la sphère par des arcs de grands cercles.

Il est encore une autre partie de cette science, à laquelle on pourrait donner le nom de trigonométrie *générale*. Elle a pour objet l'une des branches les plus étendues et les plus importantes de l'analyse mathématique; mais cette partie est tout-à-fait étrangère à notre sujet, et nous n'avons à traiter ici que la partie qui s'occupe de la résolution des triangles, soit rectilignes soit sphériques.

Comme les angles des triangles sont toujours moindres que 2 droits, et que les côtés des triangles sphériques ne vont jamais au-delà de 180°, nous nous renfermerons dans les limites naturelles de la partie de la science dont nous allons nous occuper.

Pour résoudre un triangle, c'est-à-dire, pour trouver les parties inconnues de ce triangle au moyen des parties qui sont connues, il a fallu trouver des relations ou des équations unissant entre elles les angles et les côtés; et pour établir ces relations, les côtés et les angles ont dû être traduits en nombre.

A cet effet, les côtés ont été rapportés à l'unité linéaire, et l'on a d'abord substitué aux angles, les arcs qui leur servent de mesure; arcs qui eux-mêmes ont été évalués en degrés.

Mais la combinaison de ces quantités hétérogènes *mètres* et *degrés* offrant de grandes difficultés, l'on a substitué aux arcs certaines lignes droites variant avec les arcs, et qui, par suite, étaient propres à faire connaître les arcs lorsqu'une fois ces lignes étaient connues, et réciproquement.

L'on a donné à ces lignes le nom général de *lignes trigonométriques*, parce que, comme nous venons de le dire, elles sont tellement liées aux angles des triangles, que l'on a pu les introduire dans le calcul au lieu des angles eux-mêmes. Nous allons bientôt les faire connaître, lorsque nous aurons ajouté quelques explications sur la mesure des côtés et sur celle des angles et des arcs.

Mesurer une distance, c'est déterminer combien cette distance contient de fois l'unité de longueur, le mètre par exemple. Mais dans une foule de circonstances, il faut non-seulement indiquer la longueur de la distance, mais encore le sens dans lequel elle se développe ; et cela a lieu toutes les fois qu'il s'agit de compter les distances à partir d'un point fixe, et dans deux sens opposés.

Pour indiquer cette différence de sens, l'on convient de donner aux distances qui vont dans un certain sens le signe + et à celles qui vont dans le sens opposé le signe —, et l'on dit que les 1res distances sont positives, et que les 2es sont négatives. Ainsi, la distance OA (fig. 1) située à droite du point O sera, par exemple, positive ; et OA' située à gauche sera négative. Le sens des distances positives est tout-à-fait arbitraire, et la convention contraire pourrait également avoir lieu. Cette convention qui se vérifie dans tous les cas particuliers que l'on rencontre, ne peut se démontrer *à priori* d'une manière générale.

Mesurer un angle, c'est déterminer aussi son rapport à l'angle pris pour unité, ou bien encore déterminer le rapport de l'arc compris entre ses côtés et décrit de son sommet comme centre, à l'arc de même rayon compris entre les côtés de l'angle pris pour unité d'angle.

Lorsque les deux côtés CA et CB d'un angle (Fig. 2) sont appliqués l'un sur l'autre, cet angle et l'arc qui lui sert de mesure sont égaux à zéro. Mais si l'on suppose que le côté CB se détache du côté CA et tourne autour du point C, soit dans un sens, soit dans l'autre, et prenne les positions CB', CB''..., ou CB_1, CB_2... Cet angle croîtra ainsi de 0 à 2 droits, et l'arc qui le mesure croîtra également de 0° à 180°. Pour indiquer cet accroissement en sens inverse, à partir d'une origine commune CA ou A', l'on a adopté la convention des distances linéaires, et l'on a considéré comme positifs, par exemple, les angles ACB', ACB''.., ainsi que leurs arcs AB', AB''.., et comme négatifs les angles ACB_1, ACB_2.., et leurs arcs AB_1, AB_2...

Tant que, dans les arcs qui servent de mesure aux angles, l'on ne considèrera que le nombre de degrés qu'ils renferment, il sera inutile de tenir compte de la grandeur de leur rayon; mais du moment où il faudra avoir égard à leur longueur, le rayon deviendra alors une des quantités du problème. Mais au reste, il suffit de connaître la longueur des arcs qui se rapportent à un certain rayon, pour avoir les longueurs des arcs semblables décrits avec des rayons quelconques.

En effet, pour deux arcs semblables A et a, dont les rayons sont R et r, on a (géométrie.)

$$\frac{A}{a} = \frac{R}{r} \qquad \text{d'où} \qquad A = \frac{R}{r} \times a$$

Ce qui signifie que l'arc connu a devra être multiplié par le rapport du nouveau rayon R à l'ancien r, pour avoir l'arc inconnu A

$$\text{Si} \quad r = 1 \qquad A = Ra$$

C'est-à-dire que la longueur d'un arc d'un rayon R, égale le produit de son rayon par la longueur de l'arc semblable a, dont le rayon égale l'unité.

Or, quand $r = 1$ arc $180° = \pi$

$$1° = \frac{\pi}{180}$$

$$1' = \frac{\pi}{180 \times 60}$$

$$1'' = \frac{\pi}{180 \times 60 \times 60}$$

Par suite, pour un rayon quelconque R

$$\text{arc } 180° = \pi \times R$$

$$1° = \frac{\pi}{180} \times R$$

$$1' = \frac{\pi}{180 \times 60} \times R$$

$$1'' = \frac{\pi}{180 \times 60 \times 60} \times R$$

On appelle *complément* d'un angle ou d'un arc, le reste que l'on obtient en retranchant algébriquement cet angle ou cet arc d'un angle droit ou de 90°, arc que l'on désigne assez ordinairement sous le nom de *quadrant*. Le complément d'un angle A ou d'un arc A' est donc représenté généralement par

$$1^d - A \qquad \text{ou} \qquad 90° - A'$$

Ce complément sera positif tant que A sera $< 1^d$ et $A' < 90°$; dans le cas contraire, le complément sera négatif. Ainsi, l'arc positif AD (Fig. 3) a pour complément positif BD, mais l'arc positif AE qui est $> 90°$, a pour complément négatif BE, et nous voyons que ces deux compléments se trouvent comptés du même point B, et dans deux sens opposés. L'arc négatif AF aurait pour complément l'arc positif BAF.

On appelle *supplément* d'un angle ou d'un arc, le reste que l'on obtient en retranchant algébriquement cet angle ou cet arc de deux angles droits ou de 180°. Le supplément d'un angle A ou d'un arc A', est donc représenté généralement par

$$2^d - A \qquad \text{ou} \qquad 180° - A'$$

Le supplément sera toujours pour nous positif, puisque nous n'avons à considérer que des angles $< 2^d$ ou des arcs $< 180°$. Les arcs positifs AD et AE ont pour suppléments A'D et A'E, et l'arc négatif AF a pour supplément A'BAF.

Remarquons que si l'on étendait les limites des angles et des arcs, il n'y aurait aucune difficulté à trouver les valeurs et les signes de leurs compléments ou de leurs suppléments.

Lignes Trigonométriques.

Les lignes trigonométriques que nous considèrerons sont au nombre de six : trois principales qui appartiennent à l'arc lui-même, et sont nommées *Sinus*, *Tangente* et *Sécante*; trois secondaires qui ne sont autres que les trois précédentes, appliquées au complément de l'arc, et qui portent par abréviation les noms de *Cosinus*, *Cotangente*, *Cosécante*.

Avant de définir chacune de ces lignes, remarquons que l'on appelle toujours *origine* d'une distance, d'un arc ou d'un angle, celle des limites, point ou côté, dont la position est invariable, et que c'est à partir de cette origine que l'on compte la grandeur variable de la quantité que l'on considère.

Dans le cercle trigonométrique (Fig. 3 et 4) les points A, B et A' sont les seules origines des arcs; A est l'origine des arcs eux-mêmes, B celle des arcs complémentaires, et A' celle des suppléments. ABA'B' sera le sens des arcs positifs, et AB'A'B celui des arcs négatifs. BAB'A' est le sens des compléments positifs, et BA'B'A celui des compléments négatifs. Enfin, A'BAB' est le sens des suppléments positifs.

D'après cela, il est facile de voir ce qu'il y aurait à dire relativement aux angles, auxquels les arcs que l'on vient de considérer servent de mesure; à savoir : quelles sont leurs origines et quels sont les signes dont ils doivent être affectés. Au reste, dans ce qui va suivre, nous ne nous occuperons que des arcs, et ce que nous en dirons s'appliquera toujours aux angles mesurés par ces arcs.

Définitions. — Le *sinus* d'un arc est la perpendiculaire abaissée de l'extrémité de cet arc sur le diamètre passant par son origine. Ainsi, CD est le sinus de l'arc AC, et C'D' celui de l'arc ABC' (Fig. 4.)

La *tangente* trigonométrique d'un arc est la partie de la tangente géométrique menée à l'origine de l'arc, comprise entre cette origine et le diamètre prolongé, passant par l'extrémité de l'arc. AT est donc la tangente de l'arc AC' et AT' celle de l'arc ABC'.

La *sécante* d'un arc est la distance du centre de cet arc à l'extrémité de la tangente. OT pour l'arc AC, OT′ pour l'arc ABC′.

Le *cosinus* d'un arc est le sinus du complément de cet arc. Ainsi, le cosinus de l'arc AC est CE, et celui de l'arc ABC′ est C′E′.

La *cotangente* d'un arc est la tangente de l'arc complémentaire. BS est donc la cotangente de l'arc AC′, et BS′ celle de l'arc ABC′.

La *cosécante* d'un arc est la sécante de l'arc complémentaire. OS pour l'arc AC, OS′ pour l'arc ABC′.

Il ne serait pas plus difficile de construire les lignes trigonométriques d'un arc, dont l'extrémité tomberait dans le 3e ou le 4e quadrant du cercle trigonométrique ABA′B′.

L'arc considéré AC ou AC′ étant représenté par a, l'on désigne abréviativement les lignes trigonométriques de cet arc par

$$\sin a;\quad \text{tg } a;\quad \text{séc } a$$
$$\cos a;\quad \cot a;\quad \text{coséc } a$$

Remarquons que l'on a toujours $CD = OE$ et $C'D' = OE'$, c'est-à-dire que le *sinus d'un arc est égal à la distance du centre au pied du cosinus.*

Pareillement $CE = OD$ et $C'E' = OD'$, c'est-à-dire que le *cosinus est égal à la distance du centre au pied du sinus.*

Remarquons encore que toutes ces lignes trigonométriques auront des longueurs différentes pour des arcs semblables, et qu'elles seront d'autant plus grandes, que le rayon de l'arc sera plus grand. Or, ce que nous tiendrons à connaître pour les arcs ou pour les angles auxquels ils servent de mesure, ce ne sera pas la longueur linéaire de ces arcs, mais bien leur étendue en degrés. Il est donc indispensable que tous les arcs semblables aient leurs mêmes lignes trigonométriques, représentées par la même valeur numérique. Pour atteindre ce résultat, il suffit d'adopter pour unité de mesure des lignes trigonométriques, le rayon même du cercle dans lequel ces lignes sont construites.

En effet, si nous considérons deux arcs semblables A et a, dont les rayons sont R et r, et les sinus BD et bd (Fig. 5), la similitude des triangles CBD et cbd donne

$$\frac{BD}{CB} = \frac{bd}{cb} \quad \text{c'est-à-dire} \quad \frac{\sin A}{R} = \frac{\sin a}{r}$$

Il en serait de même pour les autres lignes trigonométriques.

Toute longueur de rayon doit donc être prise pour unité, pour évaluer la longueur des lignes trigonométriques ; et c'est ce que nous ferons toujours dans les démonstrations qui vont suivre.

Cependant, il est des cas, et nous en rencontrerons en astronomie, où déjà le rayon de la sphère ou du cercle que l'on considère a une valeur fixe, et qui ne peut être changée en l'unité. Dans ce cas, nous remarquerons que la relation précédente donne

$$\text{Sin } A = \frac{R}{r} \times \sin a$$

Si R est ce rayon qui doit avoir une valeur autre que l'unité ; soit r, qui est arbitraire, égal à 1 ; l'équation devient

$$\sin A = R \sin a$$

Ce qui signifie que le sinus de l'arc A, dont le rayon R ne peut être pris pour unité, est égal au sinus de l'arc semblable a, pour lequel $r = 1$ multiplié par le rayon de l'arc A.

Il en serait identiquement de même pour les autres lignes trigonométriques, et l'on aurait ainsi :

$$\text{tg } A = R \text{ tg } a\,; \quad \text{séc } A = R \text{ séc } a$$

$$\cos A = R \cos a\,; \quad \cot A = R \cot a\,; \quad \text{coséc } A = R \text{ coséc } a$$

Signes des lignes trigonométriques. — Nous avons dit, en parlant des signes dont on affecte les distances d'après le sens suivant lequel on les compte, que l'on était convenu de considérer les unes comme positives, et les autres comme négatives. Par analogie, on est aussi convenu d'attribuer des signes différents aux lignes trigonométriques qui ont des positions inverses, soit par rapport au diamètre AA′, soit par rapport au diamètre BB′. En sorte que si l'on donne le signe + à toutes les lignes trigonométriques du 1er quadrant, celles du 2e quadrant auront également le signe + quand leur position sera la même que celle de la ligne du même nom du 1er quadrant ; le signe — dans le cas contraire.

D'après cela, dans le 2e quadrant, le sinus C'D' est positif comme ayant la même position que le sinus CD, par rapport à AA'. La tangente AT' est négative, comme ayant une position différente de celle de la tangente AT. Par une raison semblable, le cosinus C'E' et la cotangente BS' sont négatives. Quant à la sécante et à la cosécante qui rayonnent autour du centre, l'on a remarqué que dans le 1er quadrant chacune d'elles passait par l'extrémité de l'arc ; l'on est alors convenu de considérer comme négatives celles de ces lignes qui ne passeraient pas par cette extrémité. En sorte que dans le 2e quadrant, la sécante OT' est négative, mais la cosécante OS' reste positive.

L'on fera bien, pour s'exercer, après avoir construit les lignes trigonométriques d'un arc dont l'extrémité tombe dans le 3e ou le 4e quadrant, de déterminer les signes dont ces lignes doivent être affectées d'après les conventions précédentes.

Variations des lignes trigonométriques. — Quand l'arc est égal à zéro, il est facile de voir que l'on a

$$\sin 0^\circ = 0 ; \quad \text{tg } 0^\circ = 0 ; \quad \text{séc } 0^\circ = +1$$
$$\cos 0^\circ = +1 ; \quad \cot 0^\circ = +\infty ; \quad \text{coséc } 0^\circ = +\infty$$

Si l'arc vient à augmenter le sinus, la tangente et la sécante augmenteront ; mais le cosinus, la cotangente et la cosécante diminueront. Il suffit, pour s'en convaincre, de comparer les lignes trigonométriques de l'arc AC, aux lignes correspondantes de l'arc AC' (Fig. 6).

Quand l'arc est égal à 90°, l'on a

$$\sin 90^\circ = +1 ; \quad \text{tg } 90^\circ = \pm\infty ; \quad \text{séc } 90^\circ = \pm\infty$$
$$\cos 90^\circ = 0 ; \quad \cot 90^\circ = 0 ; \quad \text{coséc } 90^\circ = +1$$

Si l'arc continue à augmenter de 90° à 180°, une figure analogue à la figure 6 ferait voir que le sinus, la tangente et la sécante diminuent, tandis que les trois autres lignes augmentent.

Quand l'arc est égal à 180°, l'on a

$\sin 180° = 0$; $\operatorname{tg} 180° = 0$; $\text{séc } 180° = -1$

$\cos 180° = -1$; $\cot 180° = \pm\infty$; $\text{coséc } 180° = +\infty$

Comme exercice, pousser cette recherche jusqu'à 360°.

Remarquons que, pour un arc compris entre 0° et 180°, le sinus prend toutes les valeurs possibles entre 0 et 1 ; le cosinus entre — 1 et + 1. La tangente et la cotangente varient entre $+\infty$ et $-\infty$. La sécante varie entre + 1 et $+\infty$, et aussi entre — 1 et $-\infty$; et enfin, la cosécante entre + 1 et $+\infty$. Ces valeurs sont les limites de ces lignes trigonométriques.

Principes. — 1° Quand deux arcs sont égaux et de signes contraires, toutes leurs lignes trigonométriques sont égales en valeur, mais elles sont de signes contraires à l'exception du cosinus et de la sécante.

Soient AC et AC', ces deux arcs construisant leurs lignes trigonométriques et comparant leurs lignes homologues, on a (Fig. 7) :

$C'D = -CD$; $AT' = -AT$; $OT' = OT$

$C'E = CE$; $BS' = -BS$; $OS' = -OS$

Ce qui signifie

$\sin(-a) = -\sin a$; $\operatorname{tg}(-a) = -\operatorname{tg} a$; $\text{séc}(-a) = \text{séc } a$

$\cos(-a) = \cos a$; $\cot(-a) = -\cot a$; $\text{coséc}(-a) = -\text{coséc } a$

La même chose aurait également lieu, si chacun des arcs considérés était plus grand que 90°.

2° Quand deux arcs sont complémentaires, on a, d'après les définitions,

$\sin(90° - a) = \cos a$; $\operatorname{tg}(90° - a) = \cot a$; $\text{séc}(90° - a) = \text{coséc } a$

$\cos(90° - a) = \sin a$; $\cot(90° - a) = \operatorname{tg} a$; $\text{coséc}(90° - a) = \text{séc } a$

3° Quand deux arcs sont supplémentaires, leurs lignes trigonométriques sont égales en valeur, mais elles sont de signes contraires, à l'exception du sinus et de la cosécante.

Soit AC (Fig. 8) l'arc dont il s'agit, son supplément sera A'C ; mais pour comparer leurs lignes trigonométriques relativement aux signes, il faut ramener ces deux arcs à la même origine. Pour cela, par le point C, je mène CC' parallèle à AA', ce qui donne A'C' = AC. Par suite, AC' supplément de A'C', est aussi le supplément de AC. Je construis donc les lignes trigonométriques des deux arcs supplémentaires AC et AC', et la comparaison de triangles égaux donne

$$C'D' = \quad CD\,; \quad AT' = -AT\,; \quad OT' = -OT$$
$$C'E = -CE\,; \quad BS' = -BS\,; \quad OS' = \quad OS$$

Ce qui signifie

$\sin(180^\circ - a) = \sin a$; $\operatorname{tg}(180^\circ - a) = -\operatorname{tg} a$; $\text{séc}(180^\circ - a) = -\text{séc}\,a$
$\cos(180^\circ - a) = -\cos a$; $\cot(180^\circ - a) = -\cot a$; $\text{coséc}(180^\circ - a) = \text{cosec}\,a$

Conséquences. — D'après ce que nous venons de démontrer dans le 1er et le 3e des principes précédents, il résulte qu'une même ligne trigonométrique convient toujours, relativement à sa valeur numérique, à trois arcs distincts. Ainsi, étant donné un sinus appartenant à un arc inconnu x, cet arc peut être ou $+x$, ou $-x$, ou $180^\circ - x$. La nature du problème ou le signe de la ligne trigonométrique peuvent aider à lever cette ambiguité. Comme nous n'aurons généralement à considérer que des arcs positifs, l'ambiguité n'existera plus qu'entre $+x$ et $180^\circ - x$, et cette dernière ambiguité sera ordinairement levée par le signe de la ligne trigonométrique; puisqu'à l'exception du sinus (la cosécante n'étant pas usitée en France), les autres lignes trigonométriques des arcs x et $180^\circ - x$ sont de signes contraires. Mais, pour $\sin x$, il y a réellement incertitude, relativement à l'arc correspondant, et cela arrive toutes les fois que le problème est susceptible d'une double solution. Mais nous remarquerons qu'un problème qui, en thèse générale, peut avoir deux solutions, se réduit le plus souvent à n'en avoir qu'une seule dans les applications réelles de la science, et cette différence provient de ce que le problème réel renferme dans son essence des conditions particulières qui ne peuvent être exprimées par les relations trigonométriques du problème.

Formules Trigonométriques.

Avant d'exposer la résolution des triangles rectilignes et des triangles sphériques, nous allons établir un certain nombre de formules, dont quelques-unes nous seront utiles pour la résolution de ces triangles, et dont les autres trouveront parfois plus tard leur application, ou nous serviront d'exercices pour nous familiariser à cette branche des mathématiques.

Relations entre les lignes trigonométriques d'un même arc. — Soit AC $= a$ (Fig. 8) l'arc dont il s'agit ; construisons ses lignes trigonométriques, et cherchons les relations qui existent entre elles :

1° Le triangle rectangle OCD donne

$$\overline{CD}^2 + \overline{OD}^2 = \overline{OC}^2$$

Remplaçant chaque ligne par sa valeur trigonométrique, il vient

$$\sin^2 a + \cos^2 a = 1 \ldots\ldots (1)$$

c'est-à-dire que *le carré du sinus, plus le carré du cosinus d'un arc quelconque, est égal à l'unité.*

De cette relation, l'on déduit

$$\sin^2 a = 1 - \cos^2 a \qquad \text{et } \cos^2 a = 1 - \sin^2 a$$

Si l'on extrait la racine carrée des deux membres on aura

$$\sin a = \sqrt{1 - \cos^2 a} \qquad \cos a = \pm \sqrt{1 - \sin^2 a}$$

Sin a est toujours positif, puisque l'on a $a < 180°$; quant à cos a, il est positif pour $a < 90°$ et négatif pour $a > 90°$. C'est pour cette raison que nous avons fait précéder le radical du double signe $\pm$.

2° Les deux triangles rectangles OAT et OCD sont semblables et donneront

$$\frac{AT}{CD} = \frac{OA}{OD} \quad \text{ou} \quad \frac{\operatorname{tg} a}{\sin a} = \frac{1}{\cos a} \quad \text{d'où } \operatorname{tg} a = \frac{\sin a}{\cos a} \ldots\ldots (2)$$

c'est-à-dire que *la tangente d'un arc est égale au sinus de cet arc divisé par le cosinus.*

3° Les mêmes triangles donnent encore

$$\frac{OT}{OC} = \frac{OA}{OD} \quad \text{ou} \quad \frac{\text{séc } a}{1} = \frac{1}{\cos a} \quad \text{d'où séc } a = \frac{1}{\cos a} \ldots\ldots (3)$$

c'est-à-dire que *la sécante d'un arc égale à l'unité divisée par le cosinus de cet arc.*

4° Les triangles rectangles OBS et OEC donnent pareillement

$$\frac{BS}{EC} = \frac{OB}{OE} \quad \text{ou} \quad \frac{\cot a}{\cos a} = \frac{1}{\sin a} \quad \text{d'où } \cot a = \frac{\cos a}{\sin a} \ldots\ldots (4)$$

c'est-à-dire que *la cotangente d'un arc est égale au cosinus de cet arc divisé par le sinus.*

5° Les mêmes triangles donnent encore

$$\frac{OS}{OC}=\frac{OB}{OE} \text{ ou } \frac{\text{coséc } a}{1}=\frac{1}{\sin a} \text{ d'où coséc } a=\frac{1}{\sin a}\ldots\ldots(5)$$

c'est-à-dire que *la cosécante d'un arc est égale à l'unité divisée par le sinus de cet arc.*

L'on arriverait exactement aux mêmes formules en se servant de l'arc $AC' > 90°$, pourvu que l'on ait le soin d'avoir égard aux signes des lignes, dont les unes sont alors positives et les autres négatives, en vertu de la convention adoptée.

L'on vient de trouver, entre les six lignes trigonométriques de l'arc quelconque a, cinq relations distinctes. Ces relations sont les seules qui puissent exister, sans dépendre les unes des autres ; en sorte que toutes les autres relations peuvent se déduire de celles qui précèdent. En effet, s'il en était autrement, l'on aurait entre sin a, tg a, séc a, cos a, cot a et coséc a, six équations dictinctes, lesquelles donneraient des valeurs invariables pour chacune de ces lignes, et cela quel que soit l'arc a, ce qui est absurde.

Il suit de là que toutes les autres relations entre les lignes trigonométriques, peuvent se déduire des cinq relations précédentes.

Si l'on multiplie l'équation (2) par l'équation (4), on a

$$\text{tg } a \ \cot a=\frac{\sin a \cos a}{\cos a \sin a}=1$$

Cette relation, qui donne $\text{tg } a=\frac{1}{\cot a}$ et $\cot a=\frac{1}{\text{tg } a}$ se déduit facilement de la comparaison des deux triangles semblables OAT et OBS.

Si l'on élève en carré les deux membres de l'équation (2) et qu'on leur ajoute l'unité, il vient

$$\text{tg}^2 a+1=\frac{\sin^2 a}{\cos^2 a}+1=\frac{\sin^2 a+\cos^2 a}{\cos^2 a}=\frac{1}{\cos^2 a}=\text{séc}^2 a$$

En appliquant la propriété du carré de l'hypothénuse au triangle OAT, l'on arriverait de suite à cette relation.

Il en serait de même des autres cas.

Les lignes trigonométriques étant liées par les cinq équations qui précèdent, il est facile d'exprimer cinq d'entre elles en fonction de la 6e, puisque cela revient à résoudre cinq équations à cinq inconnues. Nous allons donner pour exemple la valeur du sinus et du cosinus en fonction de la tangente ; expressions utiles pour la géométrie analytique.

Reprenons l'équation (1) et adjoignons-lui l'équation (2), préalablement élevée au carré. Nous aurons, pour les équations du problème à résoudre,

$$\sin^2 a + \cos^2 a = 1 \quad \text{et } \mathrm{tg}^2\, a = \frac{\sin^2 a}{\cos^2 a}$$

Pour avoir la valeur du sinus, il faut éliminer le cosinus, et, pour cela, je porte dans l'équation (2) la valeur du $\cos^2 a$, déduite de l'équation (1), on a

$$\mathrm{tg}^2\, a = \frac{\sin^2 a}{1 - \sin^2 a}$$

qu'il faut résoudre par rapport à $\sin^2 a$.

Ayant chassé le dénominateur, fait la multiplication et isolé l'inconnue $\sin^2 a$, il vient

$$\sin^2 a = \frac{\mathrm{tg}^2\, a}{1 + \mathrm{tg}^2\, a} \quad \text{d'où} \quad \sin a = \frac{\mathrm{tg}\, a}{\pm\sqrt{1 + \mathrm{tg}^2\, a}}$$

On devra avoir soin de rejeter la valeur négative, parce que, pour $a < 180^\circ$, $\sin a$ est toujours positif.

Pour avoir la valeur du cosinus, il faut éliminer le sinus, et pour cela je porte dans l'équation (2) la valeur de $\sin^2 a$ déduite de l'équation (1) et l'on a :

$$\mathrm{tg}^2 a = \frac{1 - \cos^2 a}{\cos^2 a} \quad \text{d'où} \cos^2 a = \frac{1}{1 + \mathrm{tg}^2 a} \quad \text{et} \cos a = \frac{1}{\pm\sqrt{1 + \mathrm{tg}^2 a}}$$

Ici, les deux valeurs sont à conserver, parce que $\cos a$ est positif pour un arc $< 90^\circ$, et négatif pour un arc $> 90^\circ$. L'espèce de l'arc, et par suite le signe de $\cos a$, sera donné par le signe de tang a, qui est la donnée du problème.

D'après les 5 équations fondamentales, il est facile de voir que, connaissant la valeur numérique du sinus d'un certain arc, l'on peut obtenir la valeur numérique des autres lignes trigonométriques de cet arc. Or, il est des arcs pour lesquels on obtient facilement la valeur du sinus, en s'appuyant sur la proposition suivante, que nous allons d'abord démontrer.

Le sinus d'un arc est la moitié de la corde qui soutend un arc double.

Soit, AC l'arc dont il s'agit et CD son sinus (Fig. 7). Prolongeons le sinus CD jusqu'à ce qu'il rencontre en C' l'arc CA prolongé. Le diamètre A'A perpendiculaire à la corde CC', divise cette corde et l'arc soutendu CAC' en deux parties égales. Donc CD sinus de AC est la moitié de la corde CC' qui soutend l'arc double CAC'.

D'après cela, $\sin 30^\circ = 1/2$ puisque la corde de 60° est égale au rayon du cercle ou 1. De même, $\sin 45^\circ = \frac{1}{2}\sqrt{2}$ et $\sin 60^\circ = \frac{1}{2}\sqrt{3}$, puisque la corde de $90^\circ = \sqrt{2}$ et celle de $120^\circ = \sqrt{3}$, le rayon étant toujours égal à 1.

Cherchons actuellement les autres lignes trigonométriques de l'un de ces arcs, de celui de 60° par exemple. La formule (1) donne

$$\cos 60^\circ = \sqrt{1 - \sin^2 60^\circ} = \sqrt{1 - \tfrac{3}{4}} = \sqrt{\tfrac{1}{4}} = \tfrac{1}{2}$$

La formule (2) donnera

$$\operatorname{tg} 60^\circ = \frac{\sin 60^\circ}{\cos 60^\circ} = \frac{\frac{1}{2}\sqrt{3}}{\frac{1}{2}} = \sqrt{3}$$

La formule (3)

$$\text{séc } 60^\circ = \frac{1}{\cos 60^\circ} = \frac{1}{\frac{1}{2}} = 2$$

La formule (4)

$$\cot 60^\circ = \frac{\cos 60^\circ}{\sin 60^\circ} = \frac{\frac{1}{2}}{\frac{1}{2}\sqrt{3}} = \frac{1}{\sqrt{3}} = \frac{\sqrt{3}}{\sqrt{3} \times \sqrt{3}} = \frac{\sqrt{3}}{3}$$

Enfin, par la formule (5) on aura

$$\text{coséc } 60^\circ = \frac{1}{\frac{1}{2}\sqrt{3}} = \frac{2}{\sqrt{3}} = \frac{2\sqrt{3}}{\sqrt{3} \times \sqrt{3}} = \frac{2\sqrt{3}}{3}$$

On devra, comme exercice, chercher de la même manière les valeurs des cosinus, tangentes, sécantes, cotangentes et cosécantes des arcs de 30° et de 45°.

Formules relatives à la somme et à la différence des arcs.

1° Sinus et cosinus de la somme de deux arcs. — Soient a et b les deux arcs donnés, je décris le cercle trigonométrique, et je prends $AC = a$ et $CD = b$ (Fig. 9), en sorte que AD représentera l'arc $(a + b)$.

Je mène les lignes trigonométriques de l'arc AC ou a, celles de l'arc CD ou b et enfin celles de l'arc $AD = a + b$. Les données du problème sont au nombre de 4 ; $\sin a = CE$, $\cos a = OE$ $\sin b = DI$ et $\cos b = OI$. Les inconnues sont $\sin (a + b) = DF$ et $\cos (a + b) = OF$. Occupons-nous de la 1re. Par le point I, menons IK parallèle à CE, et IG parallèle à OA. On a évidemment

$$\sin (a + b) = DF = GF + DG = IK + DG$$

Cherchons les valeurs de IK et de DG. Or, le triangle OIK qui contient l'inconnue IK, est semblable au triangle tout connu OCE, on aura donc :

$$\frac{IK}{CE} = \frac{OI}{OC} \text{ ou bien } \frac{IK}{\sin a} = \frac{\cos b}{1} \text{ d'où } IK = \sin a \cos b$$

L'autre inconnue DG appartient au triangle DGI, lequel est encore semblable au triangle tout connu OCE, comme ayant les côtés perpendiculaires, et l'on aura :

$$\frac{DG}{OE} = \frac{DI}{OC} \text{ ou bien } \frac{DG}{\cos a} = \frac{\sin b}{1} \text{ d'où } DG = \cos a \sin b$$

Ajoutant les deux valeurs de IK et de DG, dont la somme donne $\sin (a + b)$, il vient

$$\sin (a + b) = \sin a \cos b + \cos a \sin b \ldots \quad (6)$$

C'est-à-dire que le *sinus de la somme de deux arcs est égal au sinus du* 1er $\times$ *le cosinus du* 2e *plus le cosinus du* 1er $\times$ *le sinus du* 2e.

La même figure donne encore

$$\cos (a + b) = OF = OK - FK = OK - GI$$

Les triangles considérés précédemment donneront

$$\frac{OK}{OE} = \frac{OI}{OC} \text{ ou bien } \frac{OK}{\cos a} = \frac{\cos b}{1} \text{ d'où } OK = \cos a \cos b$$

Et aussi

$$\frac{GI}{CE} = \frac{DI}{OC} \text{ ou bien } \frac{GI}{\sin a} = \frac{\sin b}{1} \text{ d'ou } GI = \sin a \sin b$$

Il viendra par la soustraction des valeurs de OK et de GI

$$\cos(a + b) = \cos a \cos b - \sin a \sin b \ldots \quad (7)$$

C'est-à-dire que le *cosinus de la somme de deux arcs est égal au produit des cosinus de ces deux arcs, moins le produit de leurs sinus.*

Les formules (6) et (7) ont été obtenues en supposant $a + b < 90°$; l'on démontrerait d'une manière analogue qu'elles auraient encore lieu pour

1° $a < 90°$, $b < 90°$ et $a + b > 90°$ mais $< 180°$
2° $a < 90°$, $b > 90°$ et $a + b < 180°$
3° $a > 90°$, $b < 90°$ et $a + b < 180°$

Nous engageons à s'exercer sur ces différents cas, en faisant attention que dans le 1° et 2°, $\cos(a + b)$ est négatif, ainsi que $\cos b$ dans 2°, et qu'il en est de même dans 3°, pour $\cos a$ et $\cos(a + b)$.

Ces formules (6) et (7) sont donc vraies dans les limites que nous nous sommes imposées.

2° Sinus et cosinus de la différence de deux arcs. — Soient encore a et b, les deux arcs donnés, l'on a évidemment $a - b + b = a$, ces arcs étant égaux, on a

$$\sin(a - b + b) = \sin a$$
$$\cos(a - b + b) = \cos a$$

développant les 1rs nombres en considérant $a - b$ comme un seul arc, il vient

$$\sin(a - b)\cos b + \cos(a - b)\sin b = \sin a$$
$$\cos(a - b)\cos b - \sin(a - b)\sin b = \cos a$$

Les inconnues sont ici $\sin(a - b)$ et $\cos(a - b)$; on les obtiendra par les procédés ordinaires de l'élimination. Pour avoir $\sin(a-b)$, multiplions la 1ere équation par $\cos b$ et la 2e par $\sin b$, puis retranchons les deux résultats l'un de l'autre, il vient

$$\sin(a - b)\cos^2 b + \sin(a - b)\sin^2 b = \sin a \cos b - \cos a \sin b$$

Mettons le facteur sin $(a - b)$ en évidence, et remarquant que $\cos^2 b + \sin^2 b = 1$ on a

$$\sin (a - b) = \sin a \cos b - \cos a \sin b \ldots\ldots (8)$$

En éliminant pareillement sin $(a - b)$, on trouve

$$\cos (a - b) = \cos a \cos b + \sin a \sin b \ldots\ldots (9)$$

La formule (8) s'énonce : *Le sinus de la différence de deux arcs est égal au sinus du* 1er, *multiplié par le cosinus du* 2e, *moins le cosinus du* 1er, *multiplié par le sinus du* 2e.

La formule (9) s'énonce : *Le cosinus de la différence de deux arcs est égal au produit des cosinus, plus le produit des sinus.*

Les formules (8) et (9) se déduisent, comme on vient de le voir, des formules (6) et (7), et, comme celles-ci, ont été démontrées vraies entre les limites 0° et 180° ; il en résulte qu'il en est de même pour les formules (8) et (9), en ne considérant, bien entendu, que la différence positive des arcs a et b.

L'on pourra s'exercer à chercher les formules

$\sin (a + b + c) = \ldots$ $\cos (a + b + c) = \ldots$

$\sin (a + b + c + d) = \ldots$ $\cos (a + b + c + d) = \ldots$ etc.

3° Tangentes et cotangentes de la somme et de la différence de deux arcs.

D'après la relation (2), on a

$$\operatorname{tg} (a + b) = \frac{\sin (a + b)}{\cos (a + b)}$$

Développant le numérateur et le dénominateur du 2e membre d'après les formules (6) et (7), il vient

$$\operatorname{tg} (a + b) = \frac{\sin a \cos b + \cos a \sin b}{\cos a \cos b - \sin a \sin b}$$

Divisant le numérateur et le dénominateur du 2e membre par le produit cos a cos b, afin de faire disparaître les cosinus et de transformer les sinus en tangentes, on aura

$$\operatorname{tg} (a + b) = \frac{\dfrac{\sin a \cos b}{\cos a \cos b} + \dfrac{\cos a \sin b}{\cos a \cos b}}{\dfrac{\cos a \cos b}{\cos a \cos b} - \dfrac{\sin a \sin b}{\cos a \cos b}} = \frac{\dfrac{\sin a}{\cos a} + \dfrac{\sin b}{\cos b}}{1 - \dfrac{\sin a}{\cos a} \times \dfrac{\sin b}{\cos b}}$$

ou bien, d'après la relation (2),

$$\operatorname{tg}(a+b)=\frac{\operatorname{tg} a+\operatorname{tg} b}{1-\operatorname{tg} a \operatorname{tg} b} \ldots\ldots (10)$$

C'est-à-dire que *la tangente de la somme de 2 arcs est égale à la somme des tangentes divisée par l'unité, moins le produit de ces mêmes tangentes.*

Par un calcul semblable, on aurait la formule

$$\operatorname{tg}(a-b)=\frac{\operatorname{tg} a-\operatorname{tg} b}{1+\operatorname{tg} a \operatorname{tg} b} \ldots\ldots (11)$$

que l'on interprèterait comme précédemment.

Si dans cette formule (11) on remplace a par φ et b par 45°, il vient, en se rappelant que $\operatorname{tg} 45^\circ = 1$,

$$\operatorname{tg}(\varphi-45^\circ)=\frac{\operatorname{tg}\varphi-1}{1+\operatorname{tg}\varphi}=\frac{\operatorname{tg}\varphi-1}{\operatorname{tg}\varphi+1}.$$

En employant la relation (4) et opérant d'une manière analogue, on trouverait

$$\cot(a \pm b)=\frac{\cot a \cot b-1}{\cot b \pm \cot a}$$

Dans ce cas-ci, il aura fallu diviser par le produit $\sin a \sin b$, pour que la cotangente de la somme ou de la différence des arcs a et b soit exprimée en fonction des cotangentes de ces deux arcs.

Ces deux formules, qui sont réunies en une seule, peuvent aussi être comprises dans une même règle générale de la manière suivante : *La cotangente de la somme ou de la différence de deux arcs est égale au produit des cotangentes de ces deux arcs, moins l'unité; divisé par la somme ou par la différence de leurs cotangentes.*

Pour exercices, chercher les formules

$\operatorname{tg}(a+b+c)= \ldots\ldots \quad \cot(a+b+c)= \ldots\ldots$ etc.

Formules relatives à la Multiplication des Arcs.

Si, dans les formules (6) (7) (10) et dans celle qui donne $\cot(a+b)$, on fait $b = a$, on obtiendra

$\sin 2a = \sin a \cos a + \cos a \sin a = 2 \sin a \cos a \ldots (12)$

$\cos 2a = \cos a \cos a - \sin a \sin a = \cos^2 a - \sin^2 a \ldots (13)$

$$\operatorname{tg} 2a = \frac{\operatorname{tg} a + \operatorname{tg} a}{1 - \operatorname{tg} a \operatorname{tg} a} = \frac{2 \operatorname{tg} a}{1 - \operatorname{tg}^2 a} \ldots\ldots (14)$$

$$\cot 2a = \frac{\cot a \cot a - 1}{\cot a + \cot a} = \frac{\cot^2 a - 1}{2 \cot a}$$

La formule (12) signifie que *le sinus du double d'un arc est égal au double produit du sinus de cet arc par son cosinus.*

La formule (13) que *le cosinus du double d'un arc est égal au carré du cosinus de cet arc, moins le carré de son sinus.*

Les deux suivantes s'interprèteraient de la même façon.

Pour exercices, chercher d'une manière analogue

$\sin 3a$; $\sin 4a \ldots\ldots$ $\cos 3a$; $\cos 4a \ldots\ldots$

$\operatorname{tg} 3a \ldots\ldots$ $\cot 3a \ldots\ldots$

Formules relatives à la Division des Arcs.

1° Sin $\frac{1}{2}a$, cos $\frac{1}{2}a$ et tg $\frac{1}{2}a$ en fonction de cos a. — Reprenons la formule (13), remplaçons-y a par $\frac{1}{2}a$, et changeons l'ordre des deux membres, elle devient

$$\cos^2 \tfrac{1}{2}a - \sin^2 \tfrac{1}{2}a = \cos a$$

Mais nous avons encore entre le $\cos^2 \frac{1}{2}a$ et $\sin^2 \frac{1}{2}a$ la relation suivante, d'après l'équation (1)

$$\cos^2 \tfrac{1}{2}a + \sin^2 \tfrac{1}{2}a = 1$$

Ajoutant ces deux équations membre à membre, $\sin^2 \frac{1}{2}a$ disparaîtra, et il vient

$$2 \cos^2 \tfrac{1}{2}a = 1 + \cos a$$

d'où $\cos^2 \frac{1}{2}a = \frac{1}{2}(1 + \cos a)$ et $\cos \frac{1}{2}a = \sqrt{\frac{1}{2}(1 + \cos a)} \ldots (15)$

En soustrayant les deux équations précédentes, la 1re de la 2e, $\cos^2 \frac{1}{2}a$ disparaît, et l'on a

$2 \sin^2 \frac{1}{2}a = 1 - \cos a$ d'où $\sin \frac{1}{2}a = \sqrt{\frac{1}{2}(1 - \cos a)} \ldots (16)$

Comme on a $\frac{1}{2}a < 90°$, l'on n'a conservé que les valeurs positives des deux radicaux.

Les équations qui ont donné $\cos \frac{1}{2} a$ et $\sin \frac{1}{2} a$ en fonction de $\cos a$, peuvent aussi donner $\cos a$, soit en fonction de $\cos \frac{1}{2} a$, soit en fonction de $\sin \frac{1}{2} a$; ces résultats sont

$$\cos a = 2 \cos^2 \tfrac{1}{2} a - 1 \; \ldots\ldots \; (15 \; bis)$$

$$\cos a = 1 - 2 \sin^2 \tfrac{1}{2} a \; \ldots\ldots \; (16 \; bis)$$

Pour obtenir $\operatorname{tg} \frac{1}{2} a$, il suffit de diviser l'équation (16) par l'équation (15), et de se rappeler que la racine du numérateur, divisée par la racine du dénominateur, donne la racine de la fraction. Ainsi, on aura $\dfrac{\sin \frac{1}{2} a}{\cos \frac{1}{2} a}$

$$\text{ou } \operatorname{tg} \tfrac{1}{2} a = \frac{\sqrt{\frac{1}{2}(1-\cos a)}}{\sqrt{\frac{1}{2}(1+\cos a)}} = \sqrt{\frac{\frac{1}{2}(1-\cos a)}{\frac{1}{2}(1+\cos a)}} = \sqrt{\frac{1-\cos a}{1+\cos a}} \ldots (17)$$

Il serait facile de traduire en français chacune de ces valeurs. Ainsi, l'équation (15) signifie que *le cosinus de la moitié d'un arc est égal à la racine carrée de la moitié de la somme de l'unité et du cosinus de cet arc.*

2° Il est facile aussi d'obtenir $\operatorname{tg} \frac{1}{2} a$ en fonction de $\operatorname{tg} a$, car on a successivement

$$\operatorname{tg} \tfrac{1}{2} a = \frac{\sin \frac{1}{2} a}{\cos \frac{1}{2} a} = \frac{2 \sin^2 \frac{1}{2} a}{2 \sin \frac{1}{2} a \cos \frac{1}{2} a} = \frac{1 - \cos a}{\sin a}$$

Divisant haut et bas par $\cos a$, on aura

$$\operatorname{tg} \tfrac{1}{2} a = \frac{\frac{1}{\cos a} - 1}{\operatorname{tg} a} = \frac{\sec a - 1}{\operatorname{tg} a} = \frac{-1 + \sqrt{1 + \operatorname{tg}^2 a}}{\operatorname{tg} a}$$

De même, $\cot \frac{1}{2} a = \cot a + \sqrt{1 + \cot^2 a}$

En prenant toujours la valeur positive du radical, parce que $\operatorname{tg} \frac{1}{2} a$ et $\cot \frac{1}{2} a$ sont positives.

Formules pour rendre logarithmiques une somme ou une différence de deux lignes trigonométriques, ainsi que leurs rapports.

1° Pour 2 sinus ou 2 cosinus. — Reprenons les formules (6) et (8)

$$\sin (a + b) = \sin a \cos b + \cos a \sin b$$

$$\sin (a - b) = \sin a \cos b - \cos a \sin b$$

et remarquons que $a + b$ et $a - b$ étant deux arcs qui peuvent prendre toutes les valeurs possibles, on aura une somme de sinus de deux arcs quelconques en ajoutant ces équations membre à membre. Il vient alors

$$\sin(a+b) + \sin(a-b) = 2 \sin a \cos b$$

résultat qu'avec un peu d'habitude, il serait facile d'interpréter. Mais comme l'on n'aperçoit pas au premier coup-d'œil la relation qui existe entre les arcs a et b du 2e membre et les arcs $a+b$ et $a-b$ du 1er, changeons la notation pour mettre le résultat plus en évidence. Posons donc

$$a + b = p$$

$$\text{et} \quad a - b = q$$

Tirant de là la valeur de a et de b, en ajoutant d'abord les équations, puis en les soustrayant l'une de l'autre, il vient

$$a = \tfrac{1}{2}(p+q) \quad \text{et} \quad b = \tfrac{1}{2}(p-q)$$

Remplaçant les arcs $a+b$, $a-b$, a et b de l'équation précédente par les quatre valeurs que l'on vient de trouver, on a

$$\sin p + \sin q = 2 \sin \tfrac{1}{2}(p+q) \cos \tfrac{1}{2}(p-q) \ldots (18)$$

C'est-à-dire que *la somme des sinus de deux arcs est égale à deux fois le sinus de la demi somme de ces arcs multiplié par le cosinus de leur demi différence.*

En retranchant les 2 équations (6) et (8) l'une de l'autre, on a

$$\sin(a+b) - \sin(a-b) = 2 \cos a \sin b$$

Remplaçant encore $a+b$, $a-b$, a et b par les valeurs précédentes, on a

$$\sin p - \sin q = 2 \cos \tfrac{1}{2}(p+q) \sin \tfrac{1}{2}(p-q) \ldots (19)$$

formule qui s'interprèterait comme la précédente.

Passons aux cosinus et pour cela reprenons les formules (7) et (9)

$$\cos(a+b) = \cos a \cos b - \sin a \sin b$$

$$\cos(a-b) = \cos a \cos b + \sin a \sin b$$

Si l'on ajoute d'abord ces deux équations, et qu'ensuite, de la 2e l'on retranche la 1re, parce que $\cos(a-b) > (\cos a + b)$, il vient

$$\cos(a+b) + \cos(a-b) = 2 \cos a \cos b$$

$$\cos(a-b) - \cos(a+b) = 2 \sin a \sin b$$

Ces deux équations sont les relations cherchées. Pour faciliter leur interprétation, remplaçons encore les arcs $a+b$, $a-b$, a et b par les valeurs trouvées plus haut p, q, $\frac{1}{2}(p+q)$, $\frac{1}{2}(p-q)$ et l'on a

$$\cos p+\cos q=2\cos\tfrac{1}{2}(p+q)\cos\tfrac{1}{2}(p-q)\ldots(20)$$

$$\cos q-\cos p=2\sin\tfrac{1}{2}(p+q)\sin\tfrac{1}{2}(p-q)\ldots(21)$$

Ces formules se traduiraient en français comme les précédentes ; ainsi, la relation (20) signifie que *la somme des cosinus de deux arcs est égale à deux fois le produit du cosinus de la demi somme de ces arcs par le cosinus de leur demi différence.*

2° Pour 2 tangentes ou 2 cotangentes. — D'après la relation (2), on a

$$\operatorname{tg} a+\operatorname{tg} b=\frac{\sin a}{\cos a}+\frac{\sin b}{\cos b}$$

Réduisant les fractions du 2e membre au même dénominateur et les ajoutant ensuite, on aura

$$\operatorname{tg} a+\operatorname{tg} b=\frac{\sin a\cos b}{\cos a\cos b}+\frac{\cos a\sin b}{\cos a\cos b}=\frac{\sin a\cos b+\cos a\sin b}{\cos a\cos b}$$

Mais le numérateur est le développement de $\sin(a+b)$, donc

$$\operatorname{tg} a+\operatorname{tg} b=\frac{\sin(a+b)}{\cos a\cos b}\ldots\ldots(22)$$

C'est-à-dire que *la somme des tangentes de 2 arcs est égale au sinus de la somme de ces deux arcs, divisé par le produit des cosinus de ces mêmes arcs.*

On trouverait de même

$$\operatorname{tg} a-\operatorname{tg} b=\frac{\sin a}{\cos a}-\frac{\sin b}{\cos b}=\frac{\sin a\cos b-\cos a\sin b}{\cos a\cos b}=\frac{\sin(a-b)}{\cos a\cos b}\ldots(23)$$

De même aussi, d'après la relation (4),

$$\cot a+\cot b=\frac{\cos a}{\sin a}+\frac{\cos b}{\sin b}=\frac{\sin(a+b)}{\sin a\sin b}\ldots\ldots(24)$$

et

$$\cot b-\cot a=\frac{\cos b}{\sin b}-\frac{\cos a}{\sin a}=\frac{\sin(a-b)}{\sin a\sin b}\ldots\ldots(25)$$

Formules qui s'interprèteraient comme la relation (22).

3° Pour 2 sécantes ou 2 cosécantes. — D'après la relation (3) on a

$$\operatorname{séc} a+\operatorname{séc} b=\frac{1}{\cos a}+\frac{1}{\cos b}=\frac{\cos b+\cos a}{\cos a\cos b}$$

Mais d'après la relation (20), $\cos b + \cos a = 2 \cos \frac{1}{2}(a+b)$ $\cos \frac{1}{2}(a-b)$, donc

$$\text{séc}\, a + \text{séc}\, b = \frac{2 \cos \frac{1}{2}(a+b) \cos \frac{1}{2}(a-b)}{\cos a \cos b} \ldots\ldots (26)$$

C'est-à-dire que *la somme des sécantes de deux arcs est égale à deux fois le produit du cosinus de la demi somme de ces arcs, par le cosinus de la demi différence, divisé par le produit des cosinus de ces mêmes arcs.*

On aurait de même

$$\text{séc}\, a - \text{séc}\, b = \frac{1}{\cos a} - \frac{1}{\cos b} = \frac{2 \sin \frac{1}{2}(a+b) \sin \frac{1}{2}(a-b)}{\cos a \cos b} \ldots (27)$$

Avec la relation (5), on obtiendra

$$\text{coséc}\, a + \text{coséc}\, b = \frac{1}{\sin a} + \frac{1}{\sin b} = \frac{2 \sin \frac{1}{2}(a+b) \cos \frac{1}{2}(a-b)}{\sin a \sin b} \ldots (28)$$

Et

$$\text{coséc}\, b - \text{coséc}\, a = \frac{1}{\sin b} - \frac{1}{\sin a} = \frac{2 \cos \frac{1}{2}(a+b) \sin \frac{1}{2}(a-b)}{\sin a \sin b} \ldots (29)$$

Ces relations s'interprèteraient comme la relation (26).

4° Rapports de ces sommes et de ces différences. — Si l'on divise la relation (18) par la relation (19), on obtient :

$$\frac{\sin p + \sin q}{\sin p - \sin q} = \frac{2 \sin \frac{1}{2}(p+q) \cos \frac{1}{2}(p-q)}{2 \cos \frac{1}{2}(p+q) \sin \frac{1}{2}(p-q)}$$

Simplifiant et décomposant le 2e membre en 2 facteurs

$$\frac{\sin p + \sin q}{\sin p - \sin q} = \frac{\sin \frac{1}{2}(p+q)}{\cos \frac{1}{2}(p+q)} \times \frac{\cos \frac{1}{2}(p-q)}{\sin \frac{1}{2}(p-q)}$$

Mais le 1er facteur du 2e membre est égal à $\text{tg}\, \frac{1}{2}(p+q)$, et le 2e à $\cot \frac{1}{2}(p-q)$ ou $\frac{1}{\text{tg}\, \frac{1}{2}(p-q)}$; leur produit est donc $\frac{\text{tg}\, \frac{1}{2}(p+q)}{\text{tg}\, \frac{1}{2}(p-q)}$ et il vient définitivement

$$\frac{\sin p + \sin q}{\sin p - \sin q} = \frac{\text{tg}\, \frac{1}{2}(p+q)}{\text{tg}\, \frac{1}{2}(p-q)} \ldots\ldots (30)$$

C'est-à-dire que *la somme des sinus de deux arcs divisée par leur différence est égale à la tangente de la demi somme de ces arcs divisée par la tangente de leur demi différence.*

En divisant de même et successivement la relation (18) par (20) et par (21), puis (19) par (20) et par (21) et enfin (20) par (21), on obtient

$$\frac{\sin p + \sin q}{\cos p + \cos q} = \operatorname{tg} \tfrac{1}{2}(p+q) \ldots\ldots (31)$$

$$\frac{\sin p + \sin q}{\cos q - \cos p} = \cot \tfrac{1}{2}(p-q) \ldots\ldots (32)$$

$$\frac{\sin p - \sin q}{\cos p + \cos q} = \operatorname{tg} \tfrac{1}{2}(p-q) \ldots\ldots (33)$$

$$\frac{\sin p - \sin q}{\cos q - \cos p} = \cot \tfrac{1}{2}(p+q) \ldots\ldots (34)$$

$$\frac{\cos p + \cos q}{\cos q - \cos p} = \cot \tfrac{1}{2}(p+q) \cot \tfrac{1}{2}(p-q) \ldots (35)$$

Résultats qui se traduiraient facilement en français.

L'on obtiendrait encore des résultats logarithmiques en opérant sur les formules (22), (23), (24), (25), ainsi que sur les formules (26), (27), (28), (29); comme on a opéré sur les formules (18), (19), (20), (21), puisque cela reviendrait à diviser des fractions dont les deux termes sont des monômes. Comme ces nouvelles formules ne nous seront d'aucune utilité, nous les indiquons seulement comme exercices.

L'on pourra encore s'exercer sur les exemples

$$\sin a \pm \cos b$$
$$\operatorname{tg} a \pm \cot b$$
$$\text{séc}\, a \pm \text{coséc}\, b$$

Les formules que l'on vient de démontrer permettent de calculer par logarithmes une expression algébrique de la forme $M \pm N$; car, si M et N étaient tous les deux < 1, on pourrait égaler chacune de ces quantités au sinus ou au cosinus d'un certain arc, puisque l'arc croissant de 0° à 90°, son sinus, par exemple, passe par toutes les valeurs comprises entre 0 et 1. Si donc on pose $M = \sin a$ et $N = \sin b$, il vient

$$M + N = \sin a + \sin b = 2 \sin \tfrac{1}{2}(a+b) \cos \tfrac{1}{2}(a-b)$$

Si M et N étaient quelconques, l'on égalerait chacune de ces quantités à une tangente ou à une cotangente, lignes qui varient de zéro à l'infini. Soit $M = \operatorname{tg} a$ et $N = \operatorname{tg} b$, on a

$$M + N = \operatorname{tg} a + \operatorname{tg} b = \frac{\sin(a+b)}{\cos a \cos b}$$

Il est encore d'autres moyens de calculer, par logarithmes, l'expression $M \pm N$; mais tout cela est rarement plus avantageux que le calcul direct.

Il est un certain binôme que nous rencontrerons fréquemment plus tard, dont l'un des termes contient le sinus et l'autre le cosinus d'un même arc ou d'un même angle. Comme il nous faudra le rendre logarithmique, nous allons le considérer ici ; sa forme type est

$$M \sin a \pm N \cos a \ldots\ldots (36)$$

M et N représentant ici des quantités numériques quelconques, ou bien une agglomération de lignes trigonométriques réunies entre elles par multiplication ou par division. Voici comment il faut s'y prendre pour calculer par logarithmes cette expression, dont je représente la valeur inconnue par x. Si l'on met M en facteur commun,

$$x = M \sin a \pm N \cos a = M\left(\sin a \pm \frac{N}{M} \cos a\right)$$

Si l'on pose $\operatorname{tg} \varphi = \frac{N}{M}$ il vient

$$x = M(\sin a \pm \operatorname{tg} \varphi \cos a) = M\left(\sin a \pm \frac{\sin \varphi}{\cos \varphi} \cos a\right)$$

Réduisant l'entier $\sin a$ en fraction de même espèce que celle qui l'accompagne, il vient

$$x = M\left(\frac{\sin a \cos \varphi \pm \sin \varphi \cos a}{\cos \varphi}\right) = \frac{M \sin(a \pm \varphi)}{\cos \varphi}$$

Appliquant les logarithmes à cette formule et à celle qui donne l'angle φ, il vient

$$\log \operatorname{tg} \varphi = \log N + \operatorname{colog} M$$

$$\log x = \log M + \log \sin(a \pm \varphi) + \operatorname{colog}.\cos \varphi.$$

Par un artifice de calcul, l'on peut aussi appliquer cette méthode au binôme

$$M \sin a \pm N \cos b$$

Multiplions et divisons le 2e terme par cos a, il vient

$$x = \text{M} \sin a \pm \frac{\text{N} \cos b \cos a}{\cos a} = \text{M} \left(\sin a \pm \frac{\text{N} \cos b}{\text{M} \cos a} \cos a\right)$$

Il suffit alors de poser $\text{tg}\ \varphi = \frac{\text{N} \cos b}{\text{M} \cos a}$ pour retomber dans le cas précédent.

Construction des Tables Trigonométriques. — Usage.

Avant d'entreprendre cette construction, il convient de démontrer quelques propositions auxiliaires, qui nous serviront à apprécier le degré d'approximation de nos résultats.

1° Tout arc moindre que 90° est > son sinus et < sa tangente.

Soit AB l'arc dont il s'agit (Fig. 5) et BD son sinus et AT sa tangente; je mène la corde AB, qui est une oblique par rapport à BD, et j'ai arc BA > corde BA, mais corde BA > sinus BD, donc, à plus forte raison, arc BA > BD.

Passons à la tangente : le secteur CAB est < CAT remplaçant chacune de ces surfaces par l'expression qui les représente, on a

arc AB $\times$ ½ CA < AT $\times$ ½ CA simplifiant arc AB < AT

Remarquons que l'on évalue ordinairement les arcs en degrés; mais, par exception, il s'agit ici de la longueur de l'arc étendue en ligne droite et rapportée au rayon comme le sinus et la tangente.

2° La différence entre un arc et son sinus est moindre que le quart du cube de l'arc.

En effet, $\sin a = 2 \sin \frac{1}{2} a \cos \frac{1}{2} a$

Multipliant et divisant le 2e membre par cos ½ a, on a

$$\sin a = \frac{2 \sin \frac{1}{2} a \cos^2 \frac{1}{2} a}{\cos \frac{1}{2} a} = 2\ \text{tg}\ \frac{1}{2} a \cos^2 \frac{1}{2} a$$

Mais la relation (1) donne $\cos^2 \frac{1}{2} a = 1 - \sin^2 \frac{1}{2} a$, substituant

$$\sin a = 2\ \text{tg}\ \frac{1}{2} a \left(1 - \sin^2 \frac{1}{2} a\right)$$

Mais $\text{tg}\ \frac{1}{2} a > \frac{1}{2} a$ d'où $2\ \text{tg}\ \frac{1}{2} a > a$ . . . . . (A)

Au contraire, $\sin \frac{1}{2} a < \frac{1}{2} a$ et en élevant au carré $\sin^2 \frac{1}{2} a < \frac{1}{4} a^2$. Retranchant chacune de ces quantités de l'unité, le reste, fourni par le 1er membre, sera plus grand que le reste fourni par le 2e, et l'on aura

$$1 - \sin^2 \tfrac{1}{2} a > 1 - \tfrac{1}{4} a^2 \ldots\ldots \text{(B)}$$

Multipliant membre à membre les deux inégalités (A) et (B), on aura

$$2 \operatorname{tg} \tfrac{1}{2} a (1 - \sin^2 \tfrac{1}{2} a) > a (1 - \tfrac{1}{4} a^2)$$

$$\text{ou} \quad \sin a > a - \tfrac{1}{4} a^3$$

Ajoutant $\frac{1}{4} a^3$ aux deux membres, et retranchant sin a, il vient

$$\tfrac{1}{4} a^3 > a - \sin a \quad \text{ou bien} \quad a - \sin a < \tfrac{1}{4} a^3$$

3° Le cosinus d'un arc est $> 1 - \frac{1}{2} a^2$

mais $< 1 - \frac{1}{2} a^2 + \frac{1}{16} a^4$

En effet, la formule connue $\cos a = 1 - 2 \sin^2 \frac{1}{2} a$ (16 *bis*) donne, en remplaçant $\sin^2 \frac{1}{2} a$ par la quantité plus grande $\frac{1}{4} a^2$,

$$\cos a > 1 - \tfrac{1}{2} a^2$$

De plus, la formule $\sin a > a - \frac{1}{4} a^3$ devient, en remplaçant l'arc a par $\frac{1}{2} a$

$$\sin \tfrac{1}{2} a > \tfrac{1}{2} a - \tfrac{1}{32} a^3$$

Elevant les deux membres au carré, il vient

$$\sin^2 \tfrac{1}{2} a > \tfrac{1}{4} a^2 - \tfrac{1}{32} a^4 + (\tfrac{1}{32} a^3)^2$$

et, à plus forte raison,

$$\sin^2 \tfrac{1}{2} a > \tfrac{1}{4} a^2 - \tfrac{1}{32} a^4$$

Remplaçant, dans l'égalité $\cos a = 1 - 2 \sin^2 \frac{1}{2} a$, la quantité $\sin^2 \frac{1}{2} a$ par la quantité plus petite $\frac{1}{4} a^2 - \frac{1}{32} a^4$, on aura

$$\cos a < 1 - \tfrac{1}{2} a^2 + \tfrac{1}{16} a^4$$

On a supposé tacitement dans les principes précédents $a < 90°$ afin que, les lignes trigonométriques étant positives, on pût opérer librement sur les inégalités sans crainte de changement de sens. Au reste ces principes ne seront appliqués qu'à de très petits arcs.

Construisons maintenant une table de 15″ en 15″, et commençons par déterminer le sin 15″ et le cos 15″. Le rayon étant 1, l'arc de 180° $= \pi$, et l'on a

$$\text{arc } 15'' = \frac{\pi}{180 \times 60 \times 4} = 0{,}000072727.$$

Si l'on prend cette valeur pour celle de sin 15″, l'erreur sera moindre que le quart du cube de l'arc, ou

$$< 0{,}0000000000001$$

quantité négligeable.

Quant au cos 15″, on le calculera par la formule

$$\cos 15'' = 1 - \tfrac{1}{2}\,(\text{arc } 15'')^2$$

et l'on obtiendra 0,9999999974, avec une erreur moindre que le seizième de la quatrième puissance de l'arc, c'est-à-dire avec une approximation beaucoup plus grande que celle que nous avons eue pour sin 15″.

Il s'agit maintenant d'obtenir des formules commodes pour calculer les sinus et cosinus des arcs croissants de 15″ en 15″. Reprenons les 2 formules (6) et (8)

$$\sin (a + b) = \sin a \cos b + \cos a \sin b$$
$$\sin (a + b) = \sin a \cos b - \cos a \sin b$$

Il vient en les ajoutant et faisant passer sin $(a - b)$ dans le 2e membre

$$\sin (a + b) = 2 \sin a \cos b - \sin (a - b)$$

relation fort simple entre les sinus des trois arcs $a + b$, a, et $a - b$, qui sont en progression par différence. Mais cette formule contient deux arcs distincts a et b, pour qu'elle n'en renferme plus qu'un, posons $a = mb$, il vient

$$\sin (mb + b) = 2 \sin mb \cos b - \sin (mb - b)$$
$$\text{ou } \sin (m + 1)\, b = 2 \sin mb \cos b - \sin (m - 1)\, b$$

Cette formule, ainsi que celle que nous démontrerons bientôt, connues sous le nom de *Thomas Simpson*, peut servir à calculer les sinus des arcs variant de b'' en b''; pour avoir la formule qui convient aux arcs de 15″, il suffit de faire $b = 15''$, et l'on a

$$\sin (m + 1)\, 15'' = 2 \sin m\, 15'' \cos 15'' - \sin (m - 1)\, 15''.$$

Si l'on attribue à m les valeurs successives 1.2.3.., il viendra

pour $m = 1$ .... $\sin 30'' = 2 \sin 15'' \cos 15''$

$m = 2$ .... $\sin 45'' = 2 \sin 30'' \cos 15'' - \sin 15''$

$m = 3$ .... $\sin 60'' = 2 \sin 45'' \cos 15'' - \sin 30''$

$m = 4$ .... $\sin 75'' = 2 \sin 60'' \cos 15'' - \sin 45''$

etc., etc.

En continuant ainsi, on obtiendra de proche en proche les sinus de tous les arcs de 15″ en 15″ jusqu'à 45°, dont la valeur devra être égale à $\frac{1}{2}\sqrt{2}$. Cette valeur devient une vérification finale.

Pour les cosinus, l'on reprend les formes (7) et (9)

$$\cos(a+b) = \cos a \cos b - \sin a \sin b$$
$$\cos(a-b) = \cos a \cos b + \sin a \sin b$$

Ajoutant et faisant passer $\cos(a-b)$ dans le 2e membre,

$$\cos(a+b) = 2\cos a \cos b - \cos(a-b)$$

Posons encore $a = mb$

$$\cos(m+1)b = 2\cos mb \cos b - \cos(m-1)b$$

et remplaçons b par 15″

$$\cos(m+1)15'' = 2\cos m15'' \cos 15'' - \cos(m-1)15''$$

Agissant comme précédemment, on a

pour $m = 1$ .... $\cos 30'' = 2\cos 15'' \cos 15'' - 1$

$m = 2$ .... $\cos 45'' = 2\cos 30'' \cos 15'' - \cos 15''$

$m = 3$ .... $\cos 60'' = 2\cos 45'' \cos 15'' - \cos 30''$

etc., etc.

Jusqu'à cos 45° dont la valeur devra être aussi $\frac{1}{2}\sqrt{2}$. Nous dirons tout-à-l'heure pourquoi l'on arrête les calculs à 45°.

Si l'on voulait appliquer cette méthode à la construction d'une table, il serait imprudent de continuer les calculs jusqu'aux valeurs de sin 45° et cos 45°, sans s'être assuré, dans le cours du travail, que l'on a pas commis de faute; et aussi que les erreurs négligées sur les deux premières lignes calculées sin 15″ et cos 15″, n'ont pas, en s'accumulant, produit des erreurs sur les décimales conservées. Or, il est un assez grand nombre de sinus de cosinus, que l'on peut obtenir d'une manière indépendante de la méthode employée pour la construction de la table. Ainsi, l'on connaît le sin 30° et par suite cos 30°. Au moyen de cos 30°, on peut, par les formules (15) et (16), obtenir cos 15° et sin 15°; puis cos 7° 30′ et sin 7° 30′. Par les formules (6) et (7), on aura sin 22° 30′ et cos 22° 30′, ainsi que sin 37° 30′ et cos 37° 30′. On aura donc ainsi des vérifications de 7° 30′ en 7° 30′ jusqu'à 45°. — On aurait pu les avoir également de 3° 45′ en 3° 45′.

Dans les calculs de trigonométrie, au lieu d'employer les lignes trigonométriques elles-mêmes, l'on préfère employer leurs logarithmes ; c'est donc les logarithmes des nombres que nous venons de calculer que l'on insère dans les tables.

Pour avoir les logarithmes des tangentes, on a

$$\text{tg}\ a = \frac{\sin a}{\cos a} \quad \text{d'où } \log \text{tg}\ a = \log \sin a + \text{colog} \cos a$$

Pour les cotangentes

$$\cot a = \frac{\cos a}{\sin a} \quad \text{d'où } \log \cot a = \log \cos a + \text{colog} \sin a$$

Pour les sécantes

$$\text{séc}\ a = \frac{1}{\cos a} \quad \text{d'où } \log \text{séc}\ a = \text{colog} \cos a$$

Pour les cosécantes

$$\text{coséc}\ a = \frac{1}{\sin a} \quad \text{d'où } \log \text{coséc}\ a = \text{colog} \sin a$$

Tous ces calculs ont dû être arrêtés à 45°, parce que l'arc $45° + a$ ayant pour complément $45° - a$, il vient

$\sin (45° + a) = \cos (45° - a)$; $\cos (45° + a) = \sin (45° - a)$
$\text{tg}\ (45° + a) = \cot (45° - a)$; $\cot (45° + a) = \text{tg}\ (45° - a)$
$\text{séc}\ (45° + a) = \text{coséc}\ (45° - a)$; $\text{coséc}\ (45° + a) = \text{séc}\ (45° - a)$

Les différentes lignes trigonométriques d'un arc $(45° - a) < 45°$ donnent donc celles d'un arc $(45° + a) > 45°$.

La table s'étend donc par le fait jusqu'à 90° ; elle s'étend même jusqu'à 180°, puisque pour deux arcs supplémentaires les lignes trigonométriques ont la même valeur numérique. Ainsi, les logarithmes des lignes trigonométriques de l'arc de 150° sont les mêmes que celles de l'arc de 30° supplément de 150°.

Nous ne dirons rien sur la manière de se servir des tables trigonométriques, parce que cette explication accompagne ordinairement toutes les tables. Nous ajouterons seulement ici quelques remarques relatives aux petits arcs.

1° Les logarithmes sinus et tangentes des petits arcs varient très rapidement, et d'une manière nullement proportionnelle à l'arc ; en sorte que la méthode ordinaire pour obtenir les parties proportionnelles n'offre plus d'exactitude. L'on se sert alors du nombre de secondes de l'arc, dont on obtient le logarithme exactement, et du rapport du sinus à l'arc, lequel, dans ce cas, est à peu près constant et donne un logarithme variant uniformément comme l'arc.

Représentons ce rapport par q, nous aurons l'équation

$$\frac{\sin a}{a} = q \text{ d'où } \sin a = aq$$

Donc $\log \sin a = \log a + \log q$

Ainsi, pour avoir le log sin 2° 8′ 13″,4, l'on ajoute ensemble le log 2° 8′ 13″,4, ou le log 7693″,4 pris dans la table des nombres avec le log du rapport q que l'on a eu soin de mettre dans les tables trigonométriques, dans une colonne à part.

Réciproquement étant donné sin a, a étant un petit arc, pour avoir ce petit arc, je tire de l'équation précédente

$$a = \frac{\sin a}{q}$$

$$\text{d'où} \quad \log a = \log \sin a + \text{colog } q$$

On aura donc le logarithme du nombre de secondes de l'arc, et par suite ce nombre de secondes, en ajoutant le logarithme sinus, donné avec le cologarithme du rapport.

Même observation pour la tangente, car dans l'équation

$$\frac{\text{tg } a}{a} = q$$

le rapport q varie très peu, tant que a est petit.

Les tables de M. Caillet donnent ces rapports pour les cinq premiers degrés de la table.

2° Quand un arc est très petit, sa valeur est une très faible fraction du rayon. $\frac{1}{4} a^3$, qui est supérieur à la différence entre l'arc et le sinus est donc une quantité négligeable, et l'on a

$$\sin a = \text{arc } a = a \times \text{arc } 1''$$

Mais l'arc $1'' = \sin 1''$, donc

$$\sin a = a \sin 1''.$$

3° Dans tous les cas, on a

$$\cos a = 1 - 2 \sin^2 \tfrac{1}{2} a$$

Mais l'arc a étant très petit, sin $\frac{1}{2}a = \frac{1}{2}a \sin 1''$, et en élevant au carré $\sin^2 \frac{1}{2}a = \frac{1}{4}a^2 \sin^2 1''$, l'équation précédente devient donc

$$\cos a = 1 - \frac{1}{2}a^2 \sin^2 1''$$

Mais $\frac{1}{2}a^2 \sin^2 1''$ est négligeable, car $\frac{1}{2}a^2$ est déjà très petit et $\sin^2 1'' = 0{,}000000000025$; donc

$$\cos a = 1$$

4° On a toujours aussi

$$\operatorname{tg} a = \frac{\sin a}{\cos a}$$

Si a est très petit, on peut mettre, pour $\sin a$ et $\cos a$, les valeurs trouvées, et l'on a

$$\operatorname{tg} a = \frac{a \sin 1''}{1} = a \sin 1''$$

Résolution des Triangles Rectilignes.

Tout triangle rectiligne renferme six éléments, trois angles et trois côtés; les angles seront généralement représentés par les grandes lettres A, B, C, et les côtés opposés à ces angles par les petites lettres correspondantes a, b, c, en sorte que a représentera le côté opposé à l'angle A; b le côté opposé à B, et c le côté opposé à C. Cherchons maintenant les relations qui unissent entre eux quatre de ces éléments.

1er Principe. — *Le carré d'un côté est égal à la somme des carrés des deux autres côtés, moins le double produit de ces deux côtés par le cosinus de l'angle qu'ils font entre eux.*

Soit ABC le triangle proposé et A l'angle considéré (Fig. 10). Du sommet B, abaissons BD perpendiculaire sur le côté AC.

D'après une propriété connue de géométrie, on a

$$\overline{BC}^2 = \overline{AB}^2 + \overline{AC}^2 - 2\,AC \times AD$$

ou

$$a^2 = c^2 + b^2 - 2\,b \times AD \ldots (C)$$

Il s'agit d'exprimer AD en fonction de l'angle A; pour cela, du point A, comme centre, et d'un rayon $AB' = 1$, je décris l'arc B'E et je mène son sinus B'D', qui sera également le sinus de l'angle A ; AD' sera son cosinus. Les deux triangles semblables ABD et AB'D' donnent

$$\frac{AD}{AD'} = \frac{AB}{AB'} \text{ ou } \frac{AD}{\cos a} = \frac{c}{1} \quad \text{d'où } AD = c \cos A$$

Mettant cette valeur dans l'équation (C), il vient

$$a^2 = c^2 + b^2 - 2\,bc \cos A$$

Nous avons supposé A $<$ 90° dans la démonstration précédente ; pour A $>$ 90°, le principe reste le même.

En effet, soit ABC (Fig. 11) le nouveau triangle considéré, la géométrie donne

$$a^2 = c^2 + b^2 + 2\,b \times AD \ldots\ldots (D)$$

Ayant fait la même construction que précédemment, BD' sera encore égal à sin A ; mais AD' représentera — cos A. La comparaison des triangles semblables ABD, AB'D' donne

$$\frac{AD}{AD'} = \frac{AB}{AB'} \text{ ou bien } \frac{AD}{-\cos A} = \frac{c}{1} \quad \text{d'où } AD = -c \cos A$$

Mettant encore cette valeur de AD dans l'équation (D), on obtient

$$a^2 = c^2 + b^2 + 2\,b \times -c \cos A$$

ou

$$a^2 = c^2 + b^2 - 2\,bc \cos A$$

Si A $= 90°$, cos A $= 0$, et le principe se réduit à

$$a^2 = b^2 + c^2$$

C'est-à-dire que l'on retombe sur la propriété connue du carré de l'hypothénuse

Ce principe, appliqué aux autres angles du triangle, donnerait

$$b^2 = a^2 + c^2 - 2\,ac \cos B$$
$$c^2 = a^2 + b^2 - 2\,ab \cos C$$

Si l'on résout chacune de ces équations par rapport à l'angle qu'elle renferme, on obtient

$$\cos A = \frac{b^2 + c^2 - a^2}{2\,bc} \;;\; \cos B = \frac{a^2 + c^2 - b^2}{2\,ac} \;;\; \cos C = \frac{a^2 + b^2 - c^2}{2\,ab}$$

C'est-à-dire, *le cosinus d'un angle est égal à la somme des carrés des deux côtés qui comprennent cet angle, moins le carré du côté opposé, divisée par le double produit des deux côtés qui comprennent l'angle considéré.*

L'on désigne souvent ce principe sous le nom de principe des trois côtés, ou principe fondamental de la trigonométrie rectiligne.

2e Principe. — *Les sinus des angles sont proportionnels aux côtés qui leur sont opposés.*

Il s'agit donc de chercher une relation entre A, B, a, b. Pour cela, reprenons le principe fondamental ; après avoir fait passer dans le 2e membre le carré qui est dans le 1er, et dans le 1er membre le terme négatif du 2e, on a ainsi

$$2\,bc \cos A = b^2 + c^2 - a^2$$
$$2\,ac \cos B = a^2 + c^2 - b^2$$

En éliminant c entre ces deux équations, il nous restera une relation entre A, B, a, b, laquelle sera la relation cherchée, ou du moins une relation qui pourra y conduire. Pour cela, élevons les 2 équations au carré

$$4\,b^2 c^2 \cos^2 A = (b^2 + c^2 - a^2)^2$$
$$4\,a^2 c^2 \cos^2 B = (a^2 + c^2 - b^2)^2$$

Retranchons membre à membre

$$4\,b^2 c^2 \cos^2 A - 4\,a^2 c^2 \cos^2 B = (b^2 + c^2 - a^2)^2 - (a^2 + c^2 - b^2)^2$$

Mettons dans le 1er membre le facteur commun $4\,c^2$ en évidence, et appliquons au 2e le principe d'algèbre, que la différence des carrés de deux quantités est égal à la somme de ces quantités multipliée par leur différence, on aura

$$4\,c^2 (b^2 \cos^2 A - a^2 \cos^2 B) = 2\,c^2 (2\,b^2 - 2\,a^2) = 4\,c^2 (b^2 - a^2)$$

en faisant sortir le facteur 2 de la parenthèse.

Si l'on supprime le facteur commun $4\,c^2$, il reste

$$b^2 \cos^2 A - a^2 \cos^2 B = b^2 - a^2$$

Transposant les termes $b^2 \cos^2 A$ et $-\,a^2$, on obtient

$$a^2 - a^2 \cos^2 B = b^2 - b^2 \cos^2 A$$

Mettant en évidence le facteur a^2 dans le 1er membre et le facteur b^2 dans le 2e, l'égalité devient

$$a^2 (1 - \cos^2 B) = b^2 (1 - \cos^2 A)$$

Mais $1 - \cos^2 B = \sin^2 B$ et $1 - \cos^2 A = \sin^2 A$; donc

$$a^2 \sin^2 B = b^2 \sin^2 A$$

Extrayant les racines

$$a \sin B = b \sin A$$

Enfin, mettant ces deux produits égaux en proportion

$$\frac{\sin A}{a} = \frac{\sin B}{b}$$

On démontrerait pareillement que

$$\frac{\sin B}{b} = \frac{\sin C}{c}$$

Donc
$$\frac{\sin A}{a} = \frac{\sin B}{b} = \frac{\sin C}{c}$$

Ces deux principes, avec la relation géométrique

$$A + B + C = 180^\circ$$

suffisent pour résoudre les triangles rectilignes.

La résolution d'un triangle obliquangle exige que l'on connaisse trois des éléments de ce triangle, et que parmi ces éléments il se trouve au moins un côté, pour que le triangle soit déterminé.

Il résulte de là qu'il n'y a que quatre cas à considérer, selon que l'on donne :

1° Les trois côtés ;

2° Deux côtés et l'angle compris ;

3° Deux côtés et l'angle opposé à l'un d'eux ;

4° Un côté et deux angles.

1er Cas. — Soient a, b, c les trois côtés du triangle. L'on obtiendra l'un de ses angles, l'angle A par exemple, au moyen du 1er principe, qui donne

$$\cos A = \frac{b^2 + c^2 - a^2}{2\,bc}$$

Il s'agit de rendre cette formule calculable par logarithmes. Si l'on veut déterminer cet angle par le sinus de sa moitié, l'on retranchera les deux membres de l'équation précédente de l'unité, et il vient

$$1 - \cos A = 1 - \frac{b^2 + c^2 - a^2}{2\,bc}$$

Effectuant la soustraction du 2e membre et remplaçant $1 - \cos A$ par sa valeur $2 \sin^2 \frac{1}{2} A$, on a

$$2 \sin^2 \tfrac{1}{2} A = \frac{2\,bc - b^2 - c^2 + a^2}{2\,bc}$$

Or, $b^2 + c^2 - 2\,bc = (b - c)^2$ donc, $-b^2 - c^2 + 2\,bc = -(b - c)^2$ substituant et mettant la quantité positive la 1re

$$2 \sin^2 \tfrac{1}{2} A = \frac{a^2 - (b - c)^2}{2\,bc}$$

Le numérateur du 2e membre représente la différence de deux carrés et peut être remplacé par la somme des racines, multipliée par leur différence, ainsi

$$2 \sin^2 \tfrac{1}{2} A = \frac{(a + b - c)\,(a - b + c)}{2\,bc}$$

Divisant les deux membres par 2 et extrayant leur racine carrée

$$\sin \tfrac{1}{2} A = \sqrt{\frac{(a + b - c)\,(a - b + c)}{4\,bc}}$$

L'on ne prend ici que la valeur positive du radical, parce que l'on a $\frac{1}{2} A < 90^\circ$ et par suite $\sin \frac{1}{2} A$ positif. Pour rendre la formule plus facile à retenir, et aussi pour faire disparaître le facteur 4, il est d'usage de changer la notation du 2e membre et de représenter le périmètre du triangle par $2\,p$, en sorte que

$$a + b + c = 2\,p$$

Retranchant alternativement des deux membres $2\,c$ et $2\,b$

$$a + b - c = 2\,p - 2\,c = 2\,(p - c)$$
$$a - b + c = 2\,p - 2\,b = 2\,(p - b)$$

Substituant ces valeurs dans celles de $\sin \frac{1}{2} A$ et simplifiant, on a

$$\sin \tfrac{1}{2} A = \sqrt{\frac{(p - c)\,(p - b)}{bc}}$$

C'est-à-dire que *le sinus de la moitié de l'un des angles d'un triangle, est égal à la racine carrée du produit des excès du demi périmètre sur chacun des côtés qui comprennent l'angle, divisé par le produit de ces mêmes côtés.*

Ce calcul de $\frac{1}{2} A$ se fait par logarithmes, et la formule donne

$$\log \sin \tfrac{1}{2} A = \tfrac{1}{2}\,[\log (p - c) + \log (p - b) + \text{colog}\,b + \text{colog}\,c].$$

Pour les angles B et C, on aurait les formules analogues

$$\sin \tfrac{1}{2} B = \sqrt{\frac{(p-a)\,(p-c)}{a\,c}}\ ; \ \sin \tfrac{1}{2} C = \sqrt{\frac{(p-a)\,(p-b)}{a\,b}}$$

Et par logarithmes

$$\log \sin \tfrac{1}{2} B = \tfrac{1}{2} [\log (p-a) + \log (p-c) + \operatorname{colog} a + \operatorname{colog} c]$$
$$\log \sin \tfrac{1}{2} C = \tfrac{1}{2} [\log (p-a) + \log (p-b) + \operatorname{colog} a + \operatorname{colog} b]$$

Un calcul analogue au précédent permet d'obtenir ces angles par le cosinus de leur moitié. Pour cela, reprenons la formule fondamentale

$$\cos A = \frac{b^2 + c^2 - a^2}{2\,bc}$$

Ajoutons l'unité aux deux membres

$$1 + \cos A = 1 + \frac{b^2 + c^2 - a^2}{2\,bc}$$

Mais $1 + \cos A = 2 \cos^2 \tfrac{1}{2} A$, et l'on aura successivement, en opérant comme plus haut,

$$2 \cos^2 \tfrac{1}{2} A = \frac{2\,bc + b^2 + c^2 - a^2}{2\,bc}$$
$$= \frac{(b+c)^2 - a^2}{2\,bc}$$
$$= \frac{(b+c+a)\,(b+c-a)}{2\,bc}$$

d'où $$\cos \tfrac{1}{2} A = \sqrt{\frac{(b+c+a)\,(b+c-a)}{4\,bc}}$$

Si l'on pose $b + c + a = 2\,p$, il vient $b + c - a = 2\,(p-a)$

donc $$\cos \tfrac{1}{2} A = \sqrt{\frac{p\,(p-a)}{bc}}$$

C'est-à-dire que *le cosinus du demi angle est égal à la racine carrée du quotient du demi périmètre, multiplié par le demi périmètre, moins le côté opposé; divisé par le produit des deux côtés qui comprennent l'angle.*

Pour l'emploi des logarithmes, on a

$$\log \cos \tfrac{1}{2} A = \tfrac{1}{2} [\log p + \log (p-a) + \operatorname{colog} b + \operatorname{colog} c]$$

Pour les angles B et C

$$\cos \tfrac{1}{2} B = \sqrt{\frac{p\,(p-b)}{ac}}\ ; \ \cos \tfrac{1}{2} C = \sqrt{\frac{p\,(p-c)}{ab}}$$

Et par les logarithmes

$$\log\cos \tfrac{1}{2} B = \tfrac{1}{2} [\log p + \log (p-b) + \operatorname{colog} a + \operatorname{colog} c]$$

$$\log\cos \tfrac{1}{2} C = \tfrac{1}{2} [\log p + \log (p-c) + \operatorname{colog} a + \operatorname{colog} b]$$

L'on peut encore calculer l'un des angles au moyen de la tangente de sa moitié. Pour cela, divisons la valeur de sin ½ A par celle de cos ½ A, on obtient

$$\operatorname{tg} \tfrac{1}{2} A = \frac{\sin \frac{1}{2} A}{\cos \frac{1}{2} A} = \frac{\sqrt{\frac{(p-b)(p-c)}{bc}}}{\sqrt{\frac{p(p-a)}{bc}}} = \sqrt{\frac{\frac{(p-b)(p-c)}{bc}}{\frac{p(p-a)}{bc}}} = \sqrt{\frac{(p-b)(p-c)}{p(p-a)}}$$

Formule que l'on pourrait traduire en français, et à laquelle il serait facile d'appliquer les logarithmes.

Pour les deux autres angles, on aurait

$$\operatorname{tg} \tfrac{1}{2} B = \sqrt{\frac{(p-a)(p-c)}{p(p-b)}} \ ; \ \operatorname{tg} \tfrac{1}{2} C = \sqrt{\frac{(p-a)(p-b)}{p(p-c)}}$$

Ces formules, qui sont plus longues à calculer que les deux premières, deviennent plus avantageuses quand il faut calculer les trois angles du triangle, puisqu'il suffit alors des logarithmes des quatre nombres p, $p-a$, $p-b$, $p-c$. Mais, quand on ne doit calculer qu'un seul angle, il est plus expéditif de se servir de sin ½ A ou de cos ½ A.

Lorsque l'on sait à priori que l'angle doit être petit, il faut se servir de sin ½ A; et au contraire, quand l'angle approche de 180°, il faut employer cos ½ A. La raison en est que, dans le premier cas, les variations de cos ½ A sont trop faibles pour obtenir ½ A exactement, et que la même chose a lieu pour sin ½ A dans le 2e.

2e Cas. — L'on connaît ici a, b, C et il s'agit de trouver A, B et c. Commençons par calculer les angles A et B, qui pourront nous servir ensuite à trouver c. Comme il n'est pas commode de calculer ces angles séparément, nous allons (ce qui n'est pas plus long) les calculer simultanément au moyen de leur demi somme et de leur demi différence. Nous avons d'abord l'équation $A + B + C = 180°$ d'où $A + B = 180° - C$ et $\tfrac{1}{2}(A+B) = 90° - \tfrac{1}{2}C$.

Pour avoir la demi différence, le 2e principe donne

$$\frac{a}{\sin A} = \frac{b}{\sin B}$$

Un principe connu d'arithmétique donne aussi

$$\frac{a+b}{a-b} = \frac{\sin A + \sin B}{\sin A - \sin B}$$

Substituant à la place du 2e membre sa valeur donnée par la relation (30)

$$\frac{a+b}{a-b} = \frac{\operatorname{tg} \frac{1}{2}(A+B)}{\operatorname{tg} \frac{1}{2}(A-B)} = \frac{\cot \frac{1}{2} C}{\operatorname{tg} \frac{1}{2}(A-B)}$$

Puisque $\frac{1}{2}(A+B)$ et $\frac{1}{2}C$ sont des arcs complémentaires.

Tirant de là la valeur de $\operatorname{tg} \frac{1}{2}(A-B)$, on a

$$\operatorname{tg} \tfrac{1}{2}(A-B) = \frac{(a-b)\cot \frac{1}{2} C}{a+b}$$

et $\log \operatorname{tg} \frac{1}{2}(A-B) = \log(a-b) + \log \cot \frac{1}{2} C + \operatorname{colog}(a+b)$

La demi somme des angles, ajoutée à leur demi différence, donnera le plus grand, que nous avons supposé ici être A, et la demi somme, moins la demi différence, donnera le plus petit B. En effet,

$$\frac{A+B}{2} + \frac{A-B}{2} = \frac{2A}{2} = A \text{ et } \frac{A+B}{2} - \frac{A-B}{2} = \frac{2B}{2} = B.$$

Quant à savoir dans chaque cas lequel est le plus grand des deux angles A et B, il suffit de faire attention lequel est le plus grand des côtés donnés, a et b.

Il reste à calculer c. En se servant de l'angle A, que l'on vient de déterminer, le 2e principe donne encore

$$\frac{a}{\sin A} = \frac{c}{\sin C}$$

d'où $c = \dfrac{a \sin C}{\sin A}$ et $\log c = \log a + \log \sin C + \operatorname{colog} \sin A$.

L'on pourrait aussi déterminer c, indépendamment des angles inconnus A et B, car le 1er principe donne

$$c^2 = a^2 + b^2 - 2\,ab \cos C.$$

Il s'agit de rendre logarithmique le 2e membre qui est

entièrement connu, et l'on extraira ensuite la racine carrée. Remplaçant cos C par $1 - 2\sin^2 \frac{1}{2} C$, on a

$$c^2 = a^2 + b^2 - 2ab\left(1 - 2\sin^2 \tfrac{1}{2} C\right)$$
$$= a^2 + b^2 - 2ab + 4ab\sin^2 \tfrac{1}{2} C$$
$$= (a-b)^2 + 4ab\sin^2 \tfrac{1}{2} C$$

Mettant le facteur $(a-b)^2$ en évidence (Algèbre)

$$c^2 = (a-b)^2\left(1 + \frac{4ab\sin^2 \frac{1}{2} C}{(a-b)^2}\right)$$

Si l'on pose

$$\frac{4ab\sin^2 \frac{1}{2} C}{(a-b)^2} = \mathrm{tg}^2 \varphi \quad \text{d'où } \mathrm{tg}\, \varphi = \frac{2\sin \frac{1}{2} C\sqrt{ab}}{a-b}$$

la valeur de c^2 devient

$$c^2 = (a-b)^2(1 + \mathrm{tg}^2 \varphi) = (a-b)^2 \sec^2 \varphi = \frac{(a-b)^2}{\cos^2 \varphi}$$

Extrayant la racine carrée, on a

$$c = \frac{a-b}{\cos \varphi}$$

Cette formule et celle qui donne $\mathrm{tg}\, \varphi$, résolvent la question.

Pour calculer par logarithmes, on a

$$\log \mathrm{tg}\, \varphi = \log 2 + \log \sin \tfrac{1}{2} C + \tfrac{1}{2}\log a + \tfrac{1}{2}\log b + \mathrm{colog}(a-b)$$
$$\text{et} \quad \log c = \log(a-b) + \mathrm{colog} \cos \varphi$$

On aurait pu introduire $\cos \frac{1}{2} C$ au lieu de $\sin \frac{1}{2} C$; mais cette méthode de trouver c au moyen de l'auxiliaire φ, n'est pas plus courte que celle dans laquelle on emploie l'un des angles du triangle ; et, auxiliaire pour auxiliaire, autant vaut l'un des angles du triangle qu'un angle arbitraire φ.

Il y a beaucoup d'autres solutions du même problème, mais celles-ci nous ont paru bien suffisantes et offrir moins de difficulté.

3e Cas. — Connaissant a, b et A, il s'agit de trouver c, B et C. L'on aura B par le 2e principe, qui donne

$$\frac{a}{\sin A} = \frac{b}{\sin B} \quad \text{d'où } \sin B = \frac{b \sin A}{a}$$

l'angle A servira à trouver C par la relation

$$C = 180^\circ - (A + B)$$

Enfin, on aura c au moyen de C, par le 2e principe

$$\frac{a}{\sin A} = \frac{c}{\sin C} \quad \text{d'où } c = \frac{a \sin C}{\sin A}$$

Remarquons que C et c dépendant de B, lequel est déterminé par un sinus; d'où résulte que généralement il y a deux arcs B, suppléments l'un de l'autre.

Examinons les différentes circonstances du problème :

Sin B est tout au plus égal à 1 ; donc, pour que le triangle soit possible, il faut que a soit au moins égal à $b \sin A$, c'est-à-dire à CD (Fig. 12).

Si $a = b \sin A$, $\sin B = 1$, $B = 90°$ et le triangle est ACD.

Si $a > b \sin A$, il peut se faire que l'on ait

$$b < a; \quad b = a; \quad b > a$$

1° Si $b < a$, on a aussi $B < A$, et alors B est nécessairement aigu et il n'y a pas d'ambiguité, quoique B soit donné par un sinus.

2° Si $b = a$, on a alors $B = A$, pas d'ambiguité.

3° Pour $b > a$, on aura $B > A$, condition qui peut être remplie de deux manières; car A est alors forcément aigu, et l'angle B peut être $> A$, tout en étant aigu, et alors le supplément de B sera aussi $> A$. Ainsi, en thèse générale, il ne peut y avoir deux solutions que pour $b > a$.

4e Cas. — L'on connaît un côté a et 2 angles; quand deux angles d'un triangle sont connus, on connaît également le 3e; prenons donc 2 angles quelconques, A et B, par exemple, l'angle inconnu sera alors C. La géométrie donne

$$A + B + C = 180° \quad \text{d'où } C = 180° - (A + B)$$

Pour avoir les deux autres inconnus b et c, le 2e principe donnera

$$\frac{a}{\sin A} = \frac{b}{\sin B} \quad \text{d'où } b = \frac{a \sin B}{\sin A}$$

$$\text{et } \frac{a}{\sin A} = \frac{c}{\sin C} \quad \text{d'où } c = \frac{a \sin C}{\sin A}$$

Les valeurs des inconnues dans les deux derniers cas sont faciles à calculer par logarithmes.

Triangles rectangles. — Passons actuellement aux triangles rectangles qui ne sont qu'un cas particulier des triangles ordinaires, celui dans lequel l'un des angles $= 90°$. Dans tout ce qui va suivre, l'on va supposer que l'angle qui est égal à 90° est l'angle A, et alors le côté a sera l'hypothénuse de ce triangle.

Les principes qui servent à la résolution des triangles rectangles se déduisent tous du 2e principe des triangles obliquangles.

1er Principe. — *Dans tout triangle rectangle, chaque côté est égal à l'hypothénuse multipliée par le sinus de l'angle opposé à ce côté.*

En effet, le 2e principe dont nous parlions donne

$$\frac{a}{\sin A} = \frac{b}{\sin B} \quad \text{et} \quad \frac{a}{\sin A} = \frac{c}{\sin C}$$

Mais A étant égal à 90°, $\sin A = 1$, et les proportions deviennent

$$\frac{a}{1} = \frac{b}{\sin B} \quad \text{et} \quad \frac{a}{1} = \frac{c}{\sin C}$$

d'où $$b = a \sin B \ldots\ldots (E)$$

et $$c = a \sin C \ldots\ldots (F)$$

2e Principe. — *Dans tout triangle rectangle, chaque côté est égal à l'hypothénuse multipliée par le cosinus de l'angle adjacent à ce côté.*

En effet, les angles B et C étant complémentaires, $\sin B = \cos C$ et $\sin C = \cos B$. Les résultats précédents peuvent donc s'écrire

$$b = a \cos C \ldots\ldots (G)$$

$$c = a \cos B \ldots\ldots (H)$$

3e Principe. — *Dans tout triangle rectangle, l'un des côtés de l'angle droit est égal à l'autre multiplié par la tangente de l'angle opposé au 1er.*

En effet, divisons l'équation (E) par (H) et (F) par (G), il vient, en simplifiant,

$$\frac{b}{c} = \frac{\sin B}{\cos B} = \operatorname{tg} B \quad \text{et} \quad \frac{c}{b} = \frac{\sin C}{\cos C} = \operatorname{tg} C$$

d'où $$b = c \operatorname{tg} B \quad \text{et} \quad c = b \operatorname{tg} C.$$

Ces trois principes, avec les deux relations géométriques

$$B + C = 90^\circ \quad \text{et} \; a^2 = b^2 + c^2$$

suffisent pour résoudre les triangles rectilignes rectangles.

Comme dans un triangle rectangle l'angle droit est toujours connu, il suffit de connaître deux autres éléments parmi lesquels doit se trouver au moins un des côtés.

Il y a donc encore quatre cas à considérer, selon que l'on donne :

1° L'hypothénuse et un côté ;

2° Les deux côtés de l'angle droit ;

3° L'hypothénuse et un angle ;

4° Un côté et un angle.

1er Cas. — On connaît a et b, il faut trouver c, B, C.

La géométrie donne

$$c^2 = a^2 - b^2 \quad \text{d'où} \quad c = \sqrt{a^2 - b^2} = \sqrt{(a + b)(a - b)}$$

par logarithmes, $\log c = \frac{1}{2} [\log (a + b) + \log (a - b)]$

Le 1er principe donne

$$b = a \sin B \quad \text{d'où} \sin B = \frac{b}{a} \quad \text{et} \log \sin B = \log b + \operatorname{colog} a.$$

Le 2e principe donne aussi

$$b = a \cos C \quad \text{d'où} \cos C = \frac{b}{a} \quad \text{et} \log \cos C = \log b + \operatorname{colog} a.$$

L'on devait s'attendre à trouver la même valeur pour sin B et cos C, puisque les angles B et C sont complémentaires.

2e Cas. — On connaît b et c ; trouver a, B, C.

La géométrie donne

$$a^2 = b^2 + c^2 \quad \text{d'où} \quad a = \sqrt{b^2 + c^2}$$

Valeur qui ne pourrait se calculer par logarithmes qu'à la condition d'employer un angle auxiliaire φ, lequel pourrait être choisi de façon à n'être autre chose que B ou C que nous allons déterminer.

Le 3e principe donne

$$b = c \operatorname{tg} B \quad \text{d'où} \operatorname{tg} B = \frac{b}{c} \quad \text{et} \log \operatorname{tg} B = \log b + \operatorname{colog} c$$

$$c = b \operatorname{tg} C \quad \text{d'où} \operatorname{tg} C = \frac{c}{b} \quad \text{et} \log \operatorname{tg} C = \log c + \operatorname{colog} b$$

3e Cas. — On connaît a et B ; trouver b, c, C.

Le 1er principe donne

$$b = a \sin B \quad \text{et} \quad \log b = \log a + \log \sin B.$$

Le 2e donne aussi

$$c = a \cos B \quad \text{et} \quad \log c = \log a + \log \cos B.$$

Enfin, la géométrie fournit

$$C = 90^\circ - B.$$

4e Cas. — On connaît b et B, trouver C, a, c,

La géométrie donne

$$C = 90^\circ - B$$

Le 1er principe

$$b = a \sin B \quad \text{d'où } a = \frac{b}{\sin B} \quad \text{et } \log a = \log b + \text{colog} \sin B$$

Le 2e

$$b = c \operatorname{tg} B \quad \text{d'où } c = \frac{b}{\operatorname{tg} B} \quad \text{et } \log c = \log b + \text{colog} \operatorname{tg} B.$$

Il en eût été de même dans le cas où les données auraient été b et C.

La résolution des triangles rectangles est beaucoup plus simple que celle des triangles obliquangles ; aussi, il faut avoir soin d'avoir recours aux triangles rectangles toutes les fois que cela est possible. Cette possibilité a toujours lieu lorsque le triangle est isocèle, parce que tout triangle isocèle peut être partagé en deux triangles rectangles égaux. Les trois données exigées pour le triangle obliquangle suffisent toujours pour résoudre l'un des triangles rectangles, moitié du triangle pro-proposé ; et la connaissance des parties du triangle rectangle conduit à la détermination de six éléments du triangle obliquangle.

Prenons pour exemple le 1er cas des triangles obliquangles, cas dans lequel les trois côtés a, b, c sont connus, et supposons de plus que $a = b$.

Du sommet C compris entre les deux côtés égaux a et b (fig. 12), j'abaisse CD perpendiculaire sur AB, et j'ai ainsi les deux triangles rectangles égaux ACD et BCD dans chacun desquels l'on connaît l'hypothénuse a ou b et l'un des côtés de l'angle droit

$$AD = BD = \tfrac{1}{2} c$$

Si l'on considère le 1er de ces triangles, l'on obtiendra l'angle A par la relation

$$AD = AC \cos A \quad \text{ou} \quad \tfrac{1}{2}\, c = b \cos A$$

L'on tire de là

$$\cos A = \frac{\frac{1}{2}\, c}{b} \quad \text{et} \quad \log \cos A = \log \tfrac{1}{2}\, c + \text{colog}\, b$$

l'angle A fera connaître l'angle B, qui lui est égal.

Pour avoir l'angle C, le même triangle rectangle donne

$$AD = AC \sin ACD$$

ou en se rappelant que $ACD = \frac{1}{2}\, C$

$$\tfrac{1}{2}\, c = b \sin \tfrac{1}{2}\, C \quad \text{d'où} \quad \sin \tfrac{1}{2}\, C = \frac{\frac{1}{2}\, c}{b}$$

et par logarithmes,

$$\log \sin \tfrac{1}{2}\, C = \log \tfrac{1}{2}\, c + \text{colog}\, b.$$

L'on fera bien de s'exercer sur les autres cas des triangles obliquangles, en se rappelant que, dans le 4e cas, l'on reconnaît que le triangle est isocèle, parce que les angles donnés, A et B, sont égaux.

Nous ne donnons aucune application numérique pour la résolution des triangles rectilignes, pensant que l'on n'y trouvera aucune difficulté, ayant eu le soin d'appliquer les logarithmes à presque toutes les formules.

Résolution des Triangles Sphériques.

Les triangles sphériques, comme les triangles rectilignes, renferment six éléments : trois angles et trois côtés. Nous continuerons à désigner les angles par les grandes lettres A, B, C, et les côtés opposés par les petites lettres correspondantes a, b, c. Nous allons aussi chercher les relations qui unissent entre eux quatre de ces six éléments, parce que trois éléments étant donnés, ces relations serviront à trouver le 4e.

Il est facile de voir que, pour arriver à ce résultat, quatre principes sont nécessaires et suffisants. L'on peut, en effet, avoir pour données les trois côtés et chercher un angle, ce qui fera un 1er principe. L'on peut avoir 2 côtés et un angle, si l'on cherche le 3e côté, c'est l'affaire du 1er principe ; mais si l'on cherche un second angle, il faudra deux principes nouveaux, suivant que les deux angles seront opposés aux deux côtés ; ou, que de ces deux angles, l'un sera compris entre les deux côtés donnés. Si l'on a pour données un côté et deux angles, la même alternative se présente pour trouver un 2e côté, en sorte que le 2e et 3e principe suffiront. Mais pour trouver le 3e angle, il nous faut une 4e relation entre un côté et trois angles. Enfin, si les trois angles sont donnés, le 4e principe servira à résoudre le triangle.

1er Principe. — *Dans tout triangle sphérique, le cosinus d'un côté est égal au produit des cosinus des deux autres côtés, plus le produit des sinus de ces mêmes côtés, multiplié par le cosinus de l'angle opposé au 1er côté.*

Ce principe s'appelle, par abréviation, le principe des trois côtés ; on le nomme aussi le principe fondamental de la trigonométrie sphérique, parce que l'on peut, par l'analyse, en déduire les trois autres principes dont nous avons parlé. Ces principes y sont donc contenus implicitement, ainsi que les principes qui conviennent aux triangles sphériques rectangles.

Soient ABC le triangle sphérique proposé, et O le centre de la sphère, sur la surface de laquelle ce triangle est tracé. Tirons les rayons OA, OB et OC, et si l'angle considéré est l'angle A, l'on mènera, par le sommet A, les droites AD et AE tangentes aux côtés AB et AC, jusqu'à la rencontre des rayons prolongés OB et OC. Si l'on prend le rayon de la sphère pour unité, on aura, d'après la construction

$$AD = \text{tg}\, c\,; \quad AE = \text{tg}\, b\,; \quad OD = \text{séc}\, c\,; \quad OE = \text{séc}\, b$$

$$\text{angle } DAB = A \quad \text{et} \quad \text{angle } DOE = a$$

Cela posé, le triangle DOE donne, d'après le 1er des principes relatifs aux triangles rectilignes,

$$\overline{DE}^2 = \overline{OE}^2 + \overline{OD}^2 - 2\, OE \times OD \times \cos a$$

De même, le triangle DAE donnera

$$\overline{DE}^2 = \overline{AE}^2 + \overline{AD}^2 - 2\, AE \times AD \times \cos A$$

Retranchant ces deux égalités l'une de l'autre et observant que $\overline{OE}^2 - \overline{AE}^2 = \overline{OA}^2 = 1$

et que $\overline{OD}^2 - \overline{AD}^2 = \overline{OA}^2 = 1$

il vient

$$0 = 2 - 2\,OE \times OD \times \cos a + 2\,AE \times AD \times \cos A$$

Simplifiant, en divisant les deux membres par 2 et remplaçant OE, OD, AE et AD par leur dénomination trigonométrique, on aura

$$0 = 1 - \text{séc}\, b\ \text{séc}\, c \cos a + \text{tg}\, b\ \text{tg}\, c \cos A$$

Mais $\quad \text{séc}\, b = \dfrac{1}{\cos b} \quad \text{et} \quad \text{séc}\, c = \dfrac{1}{\cos c}$

$$\text{tg}\, b = \frac{\sin b}{\cos b} \quad \text{et} \quad \text{tg}\, c = \frac{\sin c}{\cos c}$$

Mettant ces valeurs dans l'équation précédente

$$0 = 1 - \frac{1}{\cos b} \times \frac{1}{\cos c} \times \cos a + \frac{\sin b}{\cos b} \times \frac{\sin c}{\cos c} \times \cos A$$

Effectuant les opérations

$$0 = 1 - \frac{\cos a}{\cos b \cos c} + \frac{\sin b \sin c \cos A}{\cos b \cos c}$$

Chassant les dénominateurs en multipliant les deux membres par $\cos b \cos c$

$$0 = \cos b \cos c - \cos a + \sin b \sin c \cos A$$

Faisant passer $\cos a$ dans le 1er membre

$$\cos a = \cos b \cos c + \sin b \sin c \cos A$$

On aurait pareillement pour les angles B et C

$$\cos b = \cos a \cos c + \sin a \sin c \cos B$$

$$\cos c = \cos a \cos b + \sin a \sin b \cos C$$

Si, dans les équations précédentes, l'on dégage le cosinus de l'angle, il viendra

$$\cos A = \frac{\cos a - \cos b \cos c}{\sin b \sin c}$$

$$\cos B = \frac{\cos b - \cos a \cos c}{\sin a \sin c}$$

$$\cos C = \frac{\cos c - \cos a \cos b}{\sin a \sin b}$$

Sous cette forme, ce principe s'énonce : *le cosinus d'un angle d'un triangle sphérique est égal au cosinus du côté opposé, moins le produit des cosinus des deux côtés qui comprennent l'angle ; le reste étant divisé par le produit des sinus de ces mêmes côtés.*

Remarque. — Dans la démonstration précédente, on a supposé les côtés b et c moindres que 90°. Mais il est facile de reconnaître que la formule est générale, c'est-à-dire qu'elle a encore lieu dans les hypothèses suivantes :

1° $b < 90°$ et $c > 90°$
2° $b > 90°$ et $c > 90°$
3° $b = 90°$ et $c = 90°$
4° $b = 90°$ et $c <$ ou $> 90°$

1° Soit ABC (Fig. 14) le triangle proposé dans lequel on a $b < 90°$ et $c > 90°$. Si l'on achève le fuseau dont l'angle est B, on aura un nouveau triangle AB'C dans lequel b et c' sont moindres que 90° ; on peut donc lui appliquer le principe démontré dans ce cas et l'on a

$$\cos a' = \cos b \cos c' + \sin b \sin c' \cos B'AC$$

Mais $a' = 180° - a$ et $\cos a' = -\cos a$

De même

$$c' = 180° - c \quad \text{et } \cos c' = -\cos c \quad \text{et } \sin c' = \sin c$$

$$B'AC = 180° - BAC \quad \text{et } \cos B'AC = -\cos A$$

Ces valeurs, mises dans l'équation précédente, la transforment en

$$-\cos a = -\cos b \cos c - \sin b \sin c \cos A$$

Changeant les signes, l'on a encore

$$\cos a = \cos b \cos c + \sin b \sin c \cos A$$

2° Soit ABC (Fig. 15) le triangle dans lequel on a $b > 90°$ et $c > 90°$. Achevant le fuseau dont l'angle est A, on aura un nouveau triangle A'BC dans lequel b' et c' sont moindres que 90°.

On aura donc

$$\cos a = \cos b' \cos c' + \sin b' \sin c' \cos A'$$

Mais $b' = 180° - b$ d'où $\cos b' = -\cos b$ et $\sin b = \sin b$

De même $c' = 180° - c$ d'où $\cos c' = -\cos c$ et $\sin c' = \sin c$.

Quant à l'angle, comme $A = A'$, $\cos A = \cos A'$.

Mettant ces valeurs dans l'équation précédente, il vient

$$\cos a = \cos b \cos c + \sin b \sin c \cos A.$$

3° Si $b = 90°$ et $c = 90°$, la formule se réduit à

$$\cos a = \cos A$$

puisque $\cos b = 0$, $\cos c = 0$, $\sin b = 1$ et $\sin c = 1$

Ce résultat est évident, puisque l'angle A a pour mesure a.

4° Soit le triangle ABC (Fig. 16) dans lequel $b = 90°$ et $c < 90°$. Prolongeons AB jusqu'à ce qu'il soit de 90°, supposons qu'il se termine alors en D, il pourra se faire que $CD = 90°$ ou que CD soit différent de 90°.

Si $CD = 90°$, le point C est le pôle de l'arc AD et $a = 90°$, ainsi que A, et comme $\cos a = 0$, $\cos b = 0$ et $\cos A = 0$, la formule se réduit à l'égalité évidente $0 = 0$.

Si CD est différent de 90°, il en sera de même de a, puisque $b = 90°$ et la formule se réduit à

$$\cos a = \sin c \cos A$$

formule qui est encore vraie, car si l'on applique le principe au triangle DCB, dont aucun côté n'est égal à 90°, il vient

$$\cos a = \cos BD \cos CD + \sin BD \sin CD \cos D.$$

Mais $\cos BD = \sin c$ puisque BD et c sont complémentaires, $\cos CD = \cos A$ puisque CD est la mesure de l'angle A, et $\cos D = 0$ puisque $D = 90°$. La formule précédente qui est vraie se réduit donc à

$$\cos a = \sin c \cos A$$

qui se trouve alors être pareillement vraie.

Le raisonnement eût été le même, dans le cas où l'on eût pris l'hypothèse $b = 90°$ et $c > 90°$.

Il y a un très grand nombre de démonstrations de ce principe fondamental; j'ai cru devoir choisir celle de l'abbé De Gua, qui est la plus usitée, et qui est aussi la plus simple et la plus facile de toutes au jugement de Delambre, sans en excepter celle qu'il donne (*Astronomie Théo. et Prat., T. I, page* 136) et à laquelle il la compare page 137.

Quant à la discussion dont nous l'avons fait suivre, c'est une nécessité inhérente à toute démonstration faite au moyen d'une figure ; parce que la figure ne peut jamais représenter que l'une des constructions multiples que l'on peut faire au sujet du principe que l'on veut démontrer.

2e **Principe.** — *Les sinus des angles sont proportionnels aux sinus des côtés qui leurs sont opposés.*

Ce principe s'appelle par abréviation le principe des quatre sinus.

Supposons qu'il s'agisse des angles A et B et des côtés opposés a et b. Reprenons le principe fondamental relativement aux angles A et B, en laissant seul dans le 2e membre le terme qui contient l'angle. L'on a alors les 2 équations

$$\cos a - \cos b \cos c = \sin b \sin c \cos A$$
$$\cos b - \cos a \cos c = \sin a \sin c \cos B$$

Il s'agit d'éliminer entre ces équations le côté c, qui y entre par son cosinus et par son sinus. Pour cela, élevons les deux membres de chaque équation au carré, on aura

$$\cos^2 a + \cos^2 b \cos^2 c - 2 \cos a \cos b \cos c = \sin^2 b \sin^2 c \cos^2 A$$
$$\cos^2 b + \cos^2 a \cos^2 c - 2 \cos a \cos b \cos c = \sin^2 a \sin^2 c \cos^2 B$$

Soustrayant membre à membre et mettant, dans le 1er membre, le facteur commun $\cos^2 c$ en évidence, et agissant de même pour $\sin^2 c$ dans le 2e, il vient

$$\cos^2 a - \cos^2 b + \cos^2 c (\cos^2 b - \cos^2 a) = \sin^2 c (\sin^2 b \cos^2 A - \sin^2 a \cos^2 B)$$

Changeant les signes des deux facteurs du terme $\cos^2 c (\cos^2 b - \cos^2 a)$, (ce qui ne change pas le signe du terme lui-même), pour avoir dans le 1er membre un facteur binôme commun, on a

$$\cos^2 a - \cos^2 b - \cos^2 c (\cos^2 a - \cos^2 b) = \sin^2 c (\sin^2 b \cos^2 A - \sin^2 a \cos^2 B)$$

Mettant en évidence le facteur binôme commun $\cos^2 a - \cos^2 b$, on obtient

$$(\cos^2 a - \cos^2 b)(1 - \cos^2 c) = \sin^2 c (\sin^2 b \cos^2 A - \sin^2 a \cos^2 B)$$

Divisant le 1er membre par $1 - \cos^2 c$, et le 2e par son égal $\sin^2 c$, on aura, entre a, b, A, B, la relation

$$\cos^2 a - \cos^2 b = \sin^2 b \cos^2 A - \sin^2 a \cos^2 B,$$

dans laquelle il ne s'agit plus que de faire disparaître les cosinus.

Pour cela, remplaçons chaque cosinus carré par 1 — sinus carré, et l'on a

$$1 - \sin^2 a - 1 + \sin^2 b = \sin^2 b\,(1 - \sin^2 A) - \sin^2 a\,(1 - \sin^2 B)$$

Simplifiant le 1er membre, effectuant les multiplications du 2e et simplifiant de nouveau l'équation, on trouve facilement

$$0 = - \sin^2 b \sin^2 A + \sin^2 a \sin^2 B$$

Transposant le terme négatif dans le 1er membre et extrayant la racine carrée des deux membres,

$$\sin b \sin A = \sin a \sin B$$

Mettant en proportion ces deux produits égaux, on a :

$$\frac{\sin A}{\sin a} = \frac{\sin B}{\sin b}$$

On démontrerait aussi que $\dfrac{\sin B}{\sin b} = \dfrac{\sin C}{\sin c}$

Donc $$\frac{\sin A}{\sin a} = \frac{\sin B}{\sin b} = \frac{\sin C}{\sin c}$$

3e Principe. — *La cotangente d'un côté, multipliée par le sinus d'un autre côté, est égale au cosinus de cet autre côté multiplié par le cosinus de l'angle compris, plus le sinus de ce même angle, multiplié par la cotangente de l'angle opposé au 1er côté.*

Ce 3e principe, dont il est inutile de retenir l'énoncé, se nomme abréviativement le principe de quatre éléments consécutifs.

Supposons qu'il s'agisse des éléments qui se suivent, A, b, C, a.

Appliquons le 1er principe au triangle, en prenant la combinaison qui renferme les deux éléments opposés A et a,

$$\cos a = \cos b \cos c + \sin b \sin c \cos A$$

Il s'agit de faire disparaître de cette équation le côté c, qui ne doit pas entrer dans la relation que l'on cherche, en introduisant à sa place les éléments proposés. Nous allons commencer par éliminer $\cos c$ et plus tard $\sin c$. Par le premier principe, on a

$$\cos c = \cos a \cos b + \sin a \sin b \cos C$$

Mettant cette valeur dans l'équation précédente, il vient

$$\cos a = \cos b\,(\cos a \cos b + \sin a \sin b \cos C) + \sin b \sin c \cos A$$

Effectuant la multiplication,

$$\cos a = \cos a \cos^2 b + \sin a \sin b \cos b \cos C + \sin b \sin c \cos A$$

Faisant passer dans le 1er membre $\cos a \cos^2 b$, ce 1er membre devient

$$\cos a - \cos a \cos^2 b = \cos a\,(1 - \cos^2 b) = \cos a \sin^2 b$$

et l'équation se réduit à

$$\cos a \sin^2 b = \sin a \sin b \cos b \cos C + \sin b \sin c \cos A$$

Divisant les deux membres par $\sin a \sin b$, il vient

$$\frac{\cos a \sin b}{\sin a} = \cos b \cos C + \frac{\sin c \cos A}{\sin a}$$

Mais $\dfrac{\cos a}{\sin a} = \cot a$ et $\dfrac{\sin c}{\sin a} = \dfrac{\sin C}{\sin A}$ d'après le 2e principe, en sorte que l'équation prend la forme

$$\cot a \sin b = \cos b \cos C + \frac{\sin C \cos A}{\sin A}$$

Enfin, remplaçant $\dfrac{\cos A}{\sin A}$ par la valeur $\cot A$, on a le principe demandé

$$\cot a \sin b = \cos b \cos C + \sin C \cot A$$

on trouverait de même

$$\cot a \sin c = \cos c \cos B + \sin B \cot A$$
$$\cot b \sin a = \cos a \cos C + \sin C \cot B$$
$$\cot b \sin c = \cos c \cos A + \sin A \cot B$$
$$\cot c \sin a = \cos a \cos B + \sin B \cot C$$
$$\cot c \sin b = \cos b \cos A + \sin A \cot C$$

Il est facile de trouver toutes ces combinaisons, en remarquant que l'on est parti successivement de chacun des côtés a, b, c, en allant aux éléments consécutifs, d'abord dans un sens, puis dans l'autre.

Nous avons dit qu'il était inutile de retenir l'énoncé qui est en tête de la démonstration, parce qu'il est plus commode de retrouver l'équation au moyen de la règle suivante : l'on forme les termes extrêmes en multipliant respectivement les cotangentes du côté et de l'angle opposés par les sinus de l'autre côté et de l'autre angle, et le terme du milieu est le produit des cosinus de ces deux derniers éléments.

4e **Principe.** — *Le cosinus d'un angle est égal à moins le produit des cosinus des deux autres angles, plus le produit des sinus de ces mêmes angles, multiplié par le cosinus du côté opposé au* 1er *angle.*

Ce principe, dont l'énoncé a beaucoup d'analogie avec celui du 1er principe, se nomme aussi le principe des trois angles.

Soit A,B,C et a les 4 éléments du triangle ABC (Fig. 17), entre lesquels on cherche une relation.

Construisons le triangle supplémentaire A'B'C', et appliquons le principe fondamental aux quatre éléments $a'b'c'$ et A' de ce nouveau triangle, on aura

$$\cos a' = \cos b' \cos c' + \sin b' \sin c' \cos A'$$

Mais, entre les éléments de ces deux triangles, on a les relations suivantes :

$a' = 180^\circ - A$ donc $\cos a' = -\cos A$

$b' = 180^\circ - B$ ... $\cos b' = -\cos B$ et $\sin b' = \sin B$

$c' = 180^\circ - C$ ... $\cos c' = -\cos C$ et $\sin c' = \sin C$

$A' = 180^\circ - a$ ... $\cos A' = -\cos a$

Remplaçant, dans l'équation précédente, chacune des lignes $\cos a'$, $\cos b'$, ... par les valeurs que l'on vient de trouver, on aura

$$-\cos A = (-\cos B) \times (-\cos C) + \sin B \sin C \times (-\cos a)$$

effectuant les multiplications

$$-\cos A = \cos B \cos C - \sin B \sin C \cos a$$

changeant les signes

$$\cos A = -\cos B \cos C + \sin B \sin C \cos a$$

on aurait pareillement

$$\cos B = -\cos A \cos C + \sin A \sin C \cos b$$

$$\cos C = -\cos A \cos B + \sin A \sin B \cos c$$

Passons maintenant à la résolution des triangles sphériques.

En cherchant quel était le nombre des relations nécessaires pour résoudre ces triangles, nous avons reconnu qu'il y avait 6 cas différents à considérer, selon que l'on donne :

1° Les trois côtés ;

2° Deux côtés et l'angle compris ;

3° Deux côtés et l'angle opposé à l'un d'eux ;

4° Un côté et les deux angles adjacents ;

5° Un côté et deux angles, dont l'un adjacent et l'autre opposé ;

6° Les trois angles.

1er Cas. — L'on connaît les 3 côtés a,b,c, il s'agit de trouver la valeur des angles A,B,C.

Commençons par l'angle A. Le 1er principe donne

$$\cos A = \frac{\cos a - \cos b \cos c}{\sin b \sin c}$$

Il s'agit ici, comme dans le cas analogue des triangles rectilignes, de rendre cette formule logarithmique. Nous allons employer exactement les mêmes moyens. Si l'on veut déterminer cet angle par le sinus de sa moitié, l'on retranchera les deux membres de l'équation précédente de l'unité, et l'on aura

$$1 - \cos A = 1 - \frac{\cos a - \cos b \cos c}{\sin b \sin c}$$

Mais si l'on remplace $1 - \cos A$ par sa valeur $2 \sin^2 \frac{1}{2} A$, et que l'on effectue la soustraction indiquée dans le 2e membre, on obtient

$$2 \sin^2 \tfrac{1}{2} A = \frac{\sin b \sin c - \cos a + \cos b \cos c}{\sin b \sin c}$$

Mais les deux produits $\sin b \sin c + \cos b \cos c$ représentant le développement de $\cos (b - c)$, l'équation se changera donc en

$$2 \sin^2 \tfrac{1}{2} A = \frac{\cos (b - c) - \cos a}{\sin b \sin c}$$

Mais le numérateur $\cos (b - c) - \cos a$ est la différence des cosinus des deux arcs $b - c$ et a ; et, par conséquent, est égal à deux fois le sinus de la demi somme de ces arcs, multiplié par le sinus de leur demi différence. Remplaçant ce numérateur par la valeur que nous venons d'indiquer, en faisant attention que des deux arcs $b - c$ et a, l'arc a est le plus grand parce que son cosinus et le plus petit, ou bien encore parce que, dans un triangle sphérique, un côté est plus grand que la différence des deux autres, on a :

$$2 \sin^2 \tfrac{1}{2} A = \frac{2 \sin \frac{1}{2} (a + b - c) \sin \frac{1}{2} (a - b + c)}{\sin b \sin c}$$

Simplifiant et extrayant la racine carrée des deux membres

$$\sin \tfrac{1}{2} A = \sqrt{\frac{\sin \tfrac{1}{2}(a+b-c) \sin \tfrac{1}{2}(a-b+c)}{\sin b \sin c}}$$

L'on ne prend encore ici que la valeur positive du radical, parce que $\sin \tfrac{1}{2} A$ est essentiellement positif.

Si nous changeons la notation pour rendre les formules plus facile à retenir et aussi pour rendre le calcul plus rapide, nous représenterons encore le périmètre du triangle par $2p$.

Ainsi $$a+b+c=2p$$

et retranchant successivement $2c$ et $2b$ des deux membres,

$$a+b-c=2(p-c)\,; \quad a-b+c=2(p-b)$$

dont les moitiés sont

$$\tfrac{1}{2}(a+b-c)=p-c\,; \quad \tfrac{1}{2}(a-b+c)=p-b$$

Portant ces valeurs dans celle de $\sin \tfrac{1}{2} A$

$$\sin \tfrac{1}{2} A = \sqrt{\frac{\sin(p-c)\sin(p-b)}{\sin b \sin c}} \quad \ldots\ldots \text{(K)}$$

C'est-à-dire que *le sinus de la moitié de l'un des angles d'un triangle sphérique est égal à la racine carrée du produit des sinus de l'excès du demi périmètre sur chacun des côtés qui comprennent l'angle, divisé par le produit des sinus de ces mêmes côtés.*

Le calcul de $\tfrac{1}{2} A$ se fait par logarithmes, et la formule donne

$$\log \sin \tfrac{1}{2} A = \tfrac{1}{2}[\log \sin(p-c) + \log \sin(p-b) + \text{colog}\, b + \text{colog}\, c]$$

Pour les angles B et C, on aurait les formules analogues

$$\sin \tfrac{1}{2} B = \sqrt{\frac{\sin(p-a)\sin(p-c)}{\sin a \sin c}}$$

$$\sin \tfrac{1}{2} C = \sqrt{\frac{\sin(p-a)\sin(p-b)}{\sin a \sin b}}$$

Et par logarithmes

$$\log \sin \tfrac{1}{2} B = \tfrac{1}{2}[\log \sin(p-a) + \log \sin(p-c) + \text{colog} \sin a + \text{colog} \sin c]$$

$$\log \sin \tfrac{1}{2} C = \tfrac{1}{2}[\log \sin(p-a) + \log \sin(p-b) + \text{colog} \sin a + \text{colog} \sin b]$$

Un calcul analogue au précédent permet d'obtenir ces angles par le cosinus de leur moitié. Reprenons à cet effet le principe fondamental

$$\cos A = \frac{\cos a - \cos b \cos c}{\sin b \sin c}$$

Ajoutons l'unité aux deux membres

$$1 + \cos A = 1 + \frac{\cos a - \cos b \cos c}{\sin b \sin c}$$

Mais si l'on remplace $1 + \cos A$ par sa valeur $2 \cos^2 \frac{1}{2} A$, et que l'on effectue l'addition indiquée dans le 2e membre, on aura

$$2 \cos^2 \tfrac{1}{2} A = \frac{\sin b \sin c + \cos a - \cos b \cos c}{\sin b \sin c}$$

Or, la formule (7) donne

$$\cos (b + c) = \cos b \cos c - \sin b \sin c$$

Et en changeant les signes

$$- \cos (b + c) = \sin b \sin c - \cos b \cos c$$

On peut donc, dans la valeur de $2 \cos^2 \frac{1}{2} A$, remplacer $\sin b \sin c - \cos b \cos c$ par $- \cos (b + c)$, et il vient

$$2 \cos^2 \tfrac{1}{2} A = \frac{\cos a - \cos (b + c)}{\sin b \sin c}$$

Remplaçant le numérateur du 2e membre par sa valeur déduite de l'équation (21) on aura

$$2 \cos^2 \tfrac{1}{2} A = \frac{2 \sin \frac{1}{2} (b + c + a) \sin \frac{1}{2} (b + c - a)}{\sin b \sin c}$$

Simplifiant et extrayant la racine carrée

$$\cos \tfrac{1}{2} A = \sqrt{\frac{\sin \frac{1}{2} (b + c + a) \sin \frac{1}{2} (b + c - a)}{\sin b \sin c}}$$

Si l'on pose encore $\quad b + c + a = 2 p$

on aura $\quad b + c - a = 2 (p - a)$

Et par suite, en prenant les moitiés,

$$\tfrac{1}{2} (b + c + a) = p \qquad \tfrac{1}{2} (b + c - a) = p - a$$

Ces valeurs, mises dans celle de $\cos \frac{1}{2} A$, donnent

$$\cos \tfrac{1}{2} A = \sqrt{\frac{\sin p \sin (p - a)}{\sin b \sin c}}$$

Valeur facile à mettre en français. Par logarithmes on a

$$\log \cos \tfrac{1}{2} A = \tfrac{1}{2} [\log \sin p + \log \sin (p - a) + \text{colog} \sin b + \text{colog} \sin c]$$

Pour les angles B et C, on a pareillement

$$\cos \tfrac{1}{2} B = \sqrt{\frac{\sin p \sin (p - b)}{\sin a \sin c}} \quad \ldots\ldots \text{(L)}$$

$$\cos \tfrac{1}{2} C = \sqrt{\frac{\sin p \sin (p - c)}{\sin a \sin b}}$$

Par logarithmes

$\log\cos\frac{1}{2}B = \frac{1}{2}[\log\sin p + \log\sin(p-b) + \text{colog}\sin a + \text{colog}\sin c]$

$\log\cos\frac{1}{2}C = \frac{1}{2}[\log\sin p + \log\sin(p-c) + \text{colog}\sin a + \text{colog}\sin b]$

L'on peut aussi calculer l'un des angles au moyen de la tangente de sa moitié, et pour en trouver la formule il suffit encore de diviser la valeur de sin $\frac{1}{2}$ A par celle de cos $\frac{1}{2}$ A. Il vient

$$\text{tg}\,\tfrac{1}{2}A = \frac{\sqrt{\dfrac{\sin(p-b)\sin(p-c)}{\sin b\sin c}}}{\sqrt{\dfrac{\sin p\sin(p-a)}{\sin b\sin c}}} = \sqrt{\frac{\dfrac{\sin(p-b)\sin(p-c)}{\sin b\sin c}}{\dfrac{\sin p\sin(p-a)}{\sin b\sin c}}}$$

ou simplifiant $\text{tg}\,\frac{1}{2}A = \sqrt{\dfrac{\sin(p-b)\sin(p-c)}{\sin p\sin(p-a)}}$

Il serait facile de traduire cette formule en français et d'y appliquer les logarithmes.

Pour les deux autres angles, on aurait

$$\text{tg}\,\tfrac{1}{2}B = \sqrt{\frac{\sin(p-a)\sin(p-c)}{\sin p\sin(p-b)}}$$

$$\text{tg}\,\tfrac{1}{2}C = \sqrt{\frac{\sin(p-a)\sin(p-b)}{\sin p\sin(p-c)}} \ldots (M)$$

Il est facile de remarquer que toutes ces formules ressemblent beaucoup à celles que nous avons données pour le cas analogue de la trigonométrie rectiligne ; et que les observations que nous avons faites alors au sujet de chacune d'elles ont encore lieu dans ce cas-ci.

Au moyen d'un angle auxiliaire, en posant dans la formule fondamentale

$$\cos b\cos c = \cos\varphi$$

l'on rend facilement la valeur de cos A logarithmique. Mais cette méthode qui conduit à deux formules plus longues à calculer que la formule (K), a en outre l'énorme inconvénient d'exiger que l'on apporte une grande attention aux signes des lignes trigonométriques pour reconnaître si φ et A sont moindres ou plus grands que 90°.

Les formules (K), (L), (M) n'ont pas cet inconvénient, puisque toutes les lignes trigonométriques qui entrent sous les radicaux sont positives, ce qui fait que le radical est réel, et il doit être lui-même positif, parce que l'arc ½ A est moindre que 90°.

Application. — Les types de calcul auront, dans ce cas-ci, la forme que celle que l'on aurait adoptée dans le cas analogue des triangles rectilignes, et pourront ainsi servir de guide dans la manière d'arranger les calculs pour ce genre de triangles.

Supposons que les trois côtés soient

$$a = 72^\circ\, 14'\, 26''; \quad b = 110^\circ\, 18'\, 20''; \quad c = 48^\circ\, 50'\, 42''$$

et que l'on veuille calculer l'angle A par le sinus de sa moitié, B par le cosinus, et C par la tangente.

Calcul de A. *Formule* (K).

a =	72° 14′ 26″			
b =	110 18 20	colog sin	=	0,027864
c =	48 50 42	colog sin	=	0,123243
$2p$ =	231° 23′ 28″			
p =	115 41 44			
$p - b$ =	5 23 24	log sin	=	$\bar{2}$,972824
$p - c$ =	66 51 02	log sin	=	$\bar{1}$,963544
		S	=	$\bar{1}$,087475

log sin ½ A = ½ S = $\bar{1}$,543737

½ A = 20° 28′ 16″   A = 40° 56′ 32″

Calcul de B. *Formule* (L).

b =	110° 18′ 20″			
a =	72 14 26	colog sin	=	0,021206
c =	48 50 42	colog sin	=	0,123243
$2p$ =	231° 23′ 28″			
p =	115 41 44	log sin	=	$\bar{1}$,954778
$p - b$ =	5 23 24	log sin	=	$\bar{2}$,972824
		S	=	$\bar{1}$,072051

log cos ½ B = ½ S = $\bar{1}$,536025

½ B = 69° 54′ 18″   B = 139° 48′ 36″

Calcul de C. Formule (M).

$a =$	72°	14′	26″		
$b =$	110	18	20		
$c =$	48	50	42		
$2p =$	231°	23′	28″		
$p =$	115	41	14	colog sin =	0,045222
$p - c =$	66	51	2	colog sin =	0,036456
$p - b =$	5	23	24	log sin =	$\bar{2}$,972824
$p - a =$	43	27	18	log sin =	$\bar{1}$,837453
				S =	$\bar{2}$,891955

$$\log \operatorname{tg} \tfrac{1}{2} C = \tfrac{1}{2} S = \bar{1},445972$$

$$\tfrac{1}{2} C = 15^\circ\ 36'\ 07''; \quad C = 31^\circ\ 12'\ 14''$$

Ici, il n'y a pas de vérification comme dans le cas analogue des triangles rectilignes, parce que la somme des angles d'un triangle sphérique n'est pas constante, mais varie entre 180° et 540°.

2e Cas. — L'on connaît deux côtés, b, c et l'angle compris A ; il s'agit de trouver B,C et a.

Cherchons d'abord l'angle B. Les quatre éléments B,c,A,b sont consécutifs ; par suite, il faut avoir recours au 3e principe, qui donne ici

$$\cot b \sin c = \cos c \cos A + \sin A \cot B$$

Dégageant le terme où se trouve l'inconnu cot B, il vient

$$\sin A \cot B = \cot b \sin c - \cos c \cos A \ldots\ldots \text{(N)}$$

Pour avoir b au moyen de cette formule, il faut rendre le 2e membre logarithmique. Or, ce 2e membre est de la forme

$$m \sin a - n \cos a$$

et nous avons vu comment l'on rendait cette expression logarithmique. Agissons donc comme dans cette circonstance, et dans l'équation (N) mettons en évidence le facteur cos A, que nous choisissons pour avoir un logarithme de moins dans le calcul, on aura

$$\sin A \cot B = \cos A \left(\frac{\cot b}{\cos A} \sin c - \cos c\right)$$

Si nous posons

$$\frac{\cot b}{\cos A} = \cot \varphi = \frac{\cos \varphi}{\sin \varphi} \ldots\ldots (O)$$

l'équation précédente deviendra

$$\sin A \cot B = \cos A \left(\frac{\cos \varphi \sin c}{\sin \varphi} - \cos c\right)$$

Réduisons l'entier cos c en fraction de même espèce que celle qui l'accompagne, on aura

$$\sin A \cot B = \cos A \times \frac{\cos \varphi \sin c - \sin \varphi \cos c}{\sin \varphi}$$

Mais $\cos \varphi \sin c - \sin \varphi \cos c = \sin (c - \varphi)$, donc

$$\sin A \cot B = \frac{\cos A \sin (c - \varphi)}{\sin \varphi}$$

dégageant cot B en divisant par sin A, et remarquant que $\frac{\cos A}{\sin A} = \cot A$, on a définitivement

$$\cot B = \frac{\cot A \sin (c - \varphi)}{\sin \varphi} \ldots\ldots (P)$$

L'angle B sera donc déterminé au moyen des deux formules (O) et (P).

Si dans la formule (O) on remplace cot b et cot φ par leurs valeurs $\frac{1}{\operatorname{tg} b}$ et $\frac{1}{\operatorname{tg} \varphi}$; cette formule prendra la forme

$$\frac{1}{\operatorname{tg} b \cos A} = \frac{1}{\operatorname{tg} \varphi}$$

ou en chassant les dénominateurs

$$\operatorname{tg} \varphi = \operatorname{tg} b \cos A \ldots\ldots (Q)$$

formule qui nous servira pour les applications numériques.

Appliquant les logarithmes à cette formule, ainsi qu'à la formule (P), on a, pour calculer l'angle B,

$$\log \operatorname{tg} \varphi = \log \operatorname{tg} b + \log \cos A$$

$$\log \cot B = \log \cot A + \log \sin (c - \varphi) + \operatorname{colog} \sin \varphi$$

L'on calculerait l'angle C par des formules analogues, que l'on trouverait en passant par les mêmes transformations, puisque cet angle C est placé, par rapport aux données b, c, A, exactement comme l'angle B.

Voici, du reste, ces formules et leur traduction logarithmique

$$\operatorname{tg} \varphi = \operatorname{tg} c \cos A$$

$$\cot C = \frac{\cot A \sin (b - \varphi)}{\sin \varphi}$$

$$\log \operatorname{tg} \varphi = \log \operatorname{tg} c + \log \cos A$$

$$\log \cot C = \log \cot A + \log \sin (b - \varphi) + \operatorname{colog} \sin \varphi$$

Il reste encore à déterminer le côté a. Pour cela, nous aurons recours au 1er principe, qui donne

$$\cos a = \cos b \cos c + \sin b \sin c \cos A$$

Le 2e membre a encore la forme $m \sin a + n \cos a$, et pour le rendre logarithmique, nous allons mettre le facteur $\cos b$ en évidence :

$$\cos a = \cos b \left(\cos c + \frac{\sin b \sin c \cos A}{\cos b}\right)$$

Posant le multiplicateur de $\sin c$ égal à $\operatorname{tg} \varphi$ ou à $\frac{\sin \varphi}{\cos \varphi}$ en sorte que l'on aura

$$\operatorname{tg} \varphi = \frac{\sin b \cos A}{\cos b} = \operatorname{tg} b \cos A$$

la formule précédente devient

$$\cos a = \cos b \left(\cos c + \frac{\sin c \sin \varphi}{\cos \varphi}\right)$$

réduisant dans la parenthèse

$$\cos a = \cos b \, \frac{\cos c \cos \varphi + \sin c \sin \varphi}{\cos \varphi}$$

Mais $\cos c \cos \varphi + \sin c \sin \varphi = \cos (c - \varphi)$

donc
$$\cos a = \frac{\cos b \cos (c - \varphi)}{\cos \varphi} \ldots\ldots (R)$$

Cette valeur, réunie à celle de $\operatorname{tg} \varphi$, résout la question. Appliquant les logarithmes

$$\log \operatorname{tg} \varphi = \log \operatorname{tg} b + \log \cos A$$

$$\log \cos a = \log \cos b + \log \cos (c - \varphi) + \operatorname{colog} \cos \varphi$$

Remarquons que l'auxiliaire φ, qui sert à déterminer le côté a, est le même que celui qui sert à déterminer l'angle B. Si dans le calcul de a nous avions mis en évidence le facteur $\cos c$ au lieu du facteur $\cos b$, nous aurions trouvé alors pour φ l'auxiliaire qui sert à déterminer l'angle C.

C'est pour avoir cette communauté d'auxiliaire, qui est avantageuse pour le calcul, que nous avons posé dans la recherche de l'angle B

$$\frac{\cot b}{\cos A} = \cot \varphi \quad \text{au lieu de faire} \quad \frac{\cot b}{\cos A} = \operatorname{tg} \varphi$$

comme nous l'avions indiqué d'une manière générale dans la solution de la question : rendre logarithmique l'expression

$$m \sin a + n \cos a$$

Avant de passer à l'application numérique de ces formules, il est essentiel de remarquer que les arcs inconnus φ, b, c, A peuvent varier entre 0° et 180°; et que, par suite, leurs lignes trigonométriques cosinus, tangentes et cotangentes sont tantôt positives et tantôt négatives; et que, réciproquement, le signe de ces lignes fait connaître si l'arc ou l'angle correspondant est moindre ou plus grand que 90°. Cette observation ne s'applique pas au sinus; aussi, quand un angle est déterminé par son sinus, il peut y avoir ambiguité, à moins que la question ne renferme quelques conditions géométriques ou autres propres à lever l'ambiguité.

Dans les applications que nous donnerons par la suite, nous mettrons au-dessus des lignes trigonométriques des arcs connus le signe qui leur appartient; et nous placerons de même, au-dessus des lignes appartenant aux arcs inconnus, les signes qui leur conviennent. Ces signes proviendront des multiplications et divisions indiquées dans la formule exprimant la valeur de la ligne qui doit déterminer l'arc inconnu.

Application. — Supposons que les données soient

$$b = 50° \, 5' \, 47''; \quad c = 41° \, 9' \, 46''; \quad A = 114° \, 7' \, 30''$$

et que l'on veuille calculer l'angle B et le côté a, l'angle C se calculant comme l'angle B.

Calcul de φ. *Formule* (Q). $\overset{-}{\operatorname{tg}} \varphi = \overset{+}{\operatorname{tg}} b \overset{-}{\cos} A$.

$$\begin{aligned} \log \operatorname{tg} b &= 0{,}077671 \\ \log \cos A &= \bar{1}{,}611435 \\ \hline \log \operatorname{tg} \varphi &= \bar{1}{,}689106 \end{aligned}$$

$$\begin{array}{rl} \text{arc correspondant} = & 26^\circ\ 2'\ 53'' \\ \varphi = & 153\ \ 57\ \ 7 \\ c = & 41\ \ 9\ \ 46 \\ \hline c - \varphi - = & 112^\circ\ 47'\ 21'' \end{array}$$

Calcul de B. *Formule* (P). $\overset{+}{\cot} B = \dfrac{\cot \bar{A} \sin (\bar{c} - \varphi)}{\overset{+}{\sin} \varphi}$.

$$\begin{array}{ll} \log \cot A & = \bar{1},651128 \\ \log \sin (c - \varphi) & = \bar{1},964701 \\ \text{colog} \sin \varphi & = 0,357412 \\ \hline \log \cot B & = \bar{1},973241 \end{array}$$

$$B = 46^\circ\ 45'\ 51''$$

Passons maintenant au calcul du côté a. Nous avons déjà l'angle auxiliaire φ et l'arc $c - \varphi$.

$$\overset{+}{\cos}\, a = \frac{\overset{+}{\cos}\, b\ \overset{-}{\cos}\, (c - \varphi)}{\overset{-}{\cos}\, \varphi}$$

$$\begin{array}{ll} \log \cos B & = \bar{1},807195 \\ \log \cos (c - \varphi) & = \bar{1},585094 \\ \text{colog} \cos \varphi & = 0,046518 \\ \hline \log \cos a & = \bar{1},441807 \end{array}$$

$$a = 73^\circ\ 56'\ 40''$$

Le plus ordinairement, dans la pratique, l'on n'a besoin que de calculer un seul des éléments inconnus des triangles ; si, par circonstance, l'on est obligé d'en calculer deux, il faut toujours faire en sorte que l'auxiliaire soit commun aux deux calculs, et ensuite faire marcher les deux calculs simultanément, en préparant les types d'avance. On doit comprendre l'avantage de cette simultanéité, puisque les deux éléments inconnus doivent se calculer avec le même auxiliaire et aussi avec les éléments connus du triangle, qui sont les mêmes pour les deux calculs.

3e Cas. — L'on connaît deux côtés a, b et l'angle A opposé à l'un deux ; il s'agit de trouver c, B et C.

Nous allons d'abord déterminer B comme étant l'élément dont la recherche offre le plus de facilité. A et B étant opposés aux côtés a, b, nous appliquerons le 2e principe

$$\frac{\sin B}{\sin b} = \frac{\sin A}{\sin a} \quad \text{d'où} \quad \sin B = \frac{\sin b \sin A}{\sin a}$$

Et par logarithmes

$$\log \sin B = \log \sin b + \log \sin A + \operatorname{colog} \sin a$$

Passons à l'angle C. Les quatre éléments A, b, C et a étant consécutifs, il faut avoir recours au 3e principe qui donne ici

$$\cot a \sin b = \cos b \cos C + \sin C \cot A$$

L'inconnu C entre dans la formule par le cosinus et par le sinus ; nous allons, par la transformation connue, réduire cette répétition de l'angle C à un seul arc renfermant C. Pour cela, mettons cos b en évidence dans le 2e membre, et l'on aura

$$\cot a \sin b = \cos b \left(\cos C + \frac{\sin C \cot A}{\cos b}\right)$$

Posons $$\frac{\cot A}{\cos b} = \cot \varphi = \frac{\cos \varphi}{\sin \varphi}$$

Ce qui donnera, comme plus haut, $\operatorname{tg} \varphi = \cos b \operatorname{tg} A$ . . . . . (S)

Remplaçons dans l'égalité précédente $\frac{\cot A}{\cos b}$ par $\frac{\cos \varphi}{\sin \varphi}$ il viendra

$$\cot a \sin b = \cos b \left(\cos C + \frac{\sin C \cos \varphi}{\sin \varphi}\right)$$

Faisant l'addition indiquée dans la parenthèse

$$\cot a \sin b = \cos b \frac{\cos C \sin \varphi + \sin C \cos \varphi}{\sin \varphi}$$

ou bien $$\cot a \sin b = \frac{\cos b \sin (C + \varphi)}{\sin \varphi}$$

Dégageant $\sin (C + \varphi)$ en multipliant les deux membres par $\sin \varphi$, divisant par $\cos b$ et remarquant que $\frac{\sin b}{\cos b} = \operatorname{tg} b$, on aura

$$\sin (C + \varphi) = \cot a \operatorname{tg} b \sin \varphi$$

Ou enfin, en remplaçant cot a par $\frac{1}{\operatorname{tg} a}$

$$\sin (C + \varphi) = \frac{\operatorname{tg} b \sin \varphi}{\operatorname{tg} a} \ldots\ldots (T)$$

En appliquant les logarithmes aux formules (S) et (T), on obtient

$$\log \operatorname{tg} \varphi = \log \cos b + \log \operatorname{tg} A$$

$$\log \sin (C + \varphi) = \log \operatorname{tg} b + \log \sin \varphi + \operatorname{colog} \operatorname{tg} a$$

On aura donc par ce moyen φ et par suite $C + \varphi$, retranchant φ de cet arc $C + \varphi$ on aura C.

Reste à déterminer c. Ce côté et les trois données a, b, A, entrent dans le 1er principe. On aura donc pour trouver c

$$\cos a = \cos b \cos c + \sin b \sin c \cos A$$

Il s'agit encore de faire en sorte qu'il n'y ait pas répétition de l'inconnue c. Pour cela, mettons en évidence le facteur $\cos b$

$$\cos a = \cos b\,(\cos c + \operatorname{tg} b \sin c \cos A)$$

Posons
$$\operatorname{tg} \varphi = \operatorname{tg} b \cos A = \frac{\sin \varphi}{\cos \varphi}$$

$$\cos a = \cos b \left(\cos c + \frac{\sin c \sin \varphi}{\cos \varphi}\right)$$

Effectuons les transformations ordinaires, on aura

$$\cos a = \cos b \, \frac{\cos c \cos \varphi + \sin c \sin \varphi}{\cos \varphi} = \frac{\cos b \cos (c - \varphi)}{\cos \varphi}$$

Dégageant $\cos (c - \varphi)$ et appliquant les logarithmes

$$\cos (c - \varphi) = \frac{\cos a \cos \varphi}{\cos b}$$

$$\log \cos (c - \varphi) = \log \cos a + \log \cos \varphi + \operatorname{colog} \cos b$$

Quant à l'auxiliaire φ, il est le même que celui qui a déjà servi à déterminer l'angle C. Ayant $c - \varphi$, l'on en déduira c.

Remarquons que l'angle B est déterminé par un sinus, et que, par suite, l'on ne peut savoir si l'on a B $<$ ou $>$ 90°, qu'il en est de même de $C + \varphi$, et que de plus il y a incertitude sur le signe de $c - \varphi$, puisque $\cos (-a) = \cos a$. Il y a donc ici ambiguïté complète, et ce cas est connu sous le nom de cas douteux des triangles sphériques obliquangles. Mais nous répéterons ici ce que nous avons déjà dit ailleurs, que, dans les applications réelles, le doute est levé par le fait de conditions qui appartiennent au problème et qui ne peuvent cependant entrer dans l'équation. Ainsi, ce cas nous servira à résoudre cette question astronomique, trouver la latitude par la hauteur d'un astre observée à une heure connue. L'angle A connu sera donné par l'heure, le côté contigu b par la déclinaison de l'astre, et le côté opposé a par la hauteur. Il s'agira de calculer le 3e côté c, qui résout le problème ; or, ce 3e côté représentant la colatitude du lieu est nécessairement $< 90°$. Cette condition lève l'ambiguité et indique s'il faut prendre $c - \varphi$ positif ou négatif.

L'opinion que nous émettons ici au sujet des cas douteux, est loin de nous être personnelle ; et pour ne citer qu'une seule autorité, nous rapporterons ici ces lignes de M. Leverrier, dans son rapport sur l'enseignement de l'école polytechnique : « *On ne rencontre, au reste, jamais de cas douteux dans les applications, et, dès lors, il faut bien se garder d'en parler aux élèves.* »

A cause de cette ambiguité, nous ne donnerons pas d'application numérique relativement à ce cas ; pensant, du reste, que les formules que nous avons données sous la forme logarithmique indiqueront suffisamment la marche à suivre dans ces calculs.

4e Cas. — L'on connaît un côté a et les deux angles adjacents B et C ; il s'agit de trouver les deux autres côtés b, c et le 3e angle A.

Pour y parvenir, construisons le triangle supplémentaire A'B'C' (Fig. 17). Dans ce triangle, l'on connaîtra

$$A' = 180° - a\,; \quad b' = 180° - B\,; \quad c' = 180° - C$$

L'on retombe donc dans le 2e cas, où l'on connaît deux côtés et l'angle compris ; l'on calculera B', C' et a' comme on l'a expliqué dans cette circonstance, et l'on en déduira

$$b = 180° - B'\,; \quad c = 180° - C'\,; \quad A = 180° - a'$$

5e Cas. — L'on connaît un côté a et deux angles, l'un adjacent B, et l'autre opposé A ; il faut trouver les côtés b, c et le 3e angle C.

Considérons encore le triangle supplémentaire A'B'C', dans lequel on connaîtra

$$A' = 180° - a\,; \quad b' = 180° - B\,; \quad a' = 180° - A$$

L'on retombera ainsi dans le 3e cas ; l'on calculera donc les parties B', C' et c' comme on l'a expliqué dans ce 3e cas, et l'on en déduira

$$b = 180° - B'\,; \quad c = 180° - C'\,; \quad C = 180° - c'$$

Il est bon d'observer que nous retombons ici dans le cas douteux, d'où résulte, qu'en thèse générale, ce 5e cas présente la même ambiguité que le 3e cas auquel il correspond.

6e Cas. — Connaissant les trois angles A, B, C, trouver les trois côtés a, b, c.

Ayons encore recours au triangle supplémentaire A'B'C', dans lequel on connaîtra

$$a' = 180^\circ - A; \quad b' = 180 - B; \quad c' = 180^\circ - C$$

L'on calculera les trois angles A', B', C', par l'une des méthodes indiquées dans le 1er cas, auquel celui-ci se rapporte, et l'on aura

$$a = 180^\circ - A'; \quad b = 180^\circ - B'; \quad c = 180^\circ - C'$$

Remarque. — Pour résoudre ces trois derniers cas, dans lesquels on connaît plus d'angles que de côtés, nous nous sommes contenté d'une méthode indirecte, et nous n'avons donné aucune application numérique. Voici la raison pour laquelle on a agi ainsi. Dans l'astronomie nautique, qui est toute entière appuyée sur la résolution des triangles sphériques, l'on ne rencontre jamais les cas dans lesquels il y a deux angles connus, et à plus forte raison trois. Les instruments relatifs à cette science ne sont pas propres à mesurer les angles sphériques; l'un d'eux seulement, *le chronomètre*, peut donner l'angle sphérique appelé *angle horaire;* et encore ne le donne-t-il que dans certaines circonstances particulières. L'on ne se sert même de cet angle qu'avec circonspection, parce que l'on ne peut trop compter sur son exactitude. L'on pourrait en dire à peu près autant de l'astronomie proprement dite, quoique cette science possède en outre un autre instrument propre à mesurer un autre angle sphérique, nommé *angle azimutal.*

Cependant, nous conseillerons, pour exercice, de rendre logarithmiques les formules qui servent à résoudre directement ces trois derniers cas, formules que nous allons indiquer ici.

Pour le 4e cas, les côtés b et c se calculeront au moyen du 3e principe, ou principe des quatre éléments consécutifs; et l'angle A par le 4e ou principe des trois angles

Dans le 5e cas, l'on trouvera b par le 2e principe ou principe des quatre sinus, le côté c par le 3e, et l'angle C par le 4e.

Enfin, dans le 6e cas, l'on obtiendra les trois côtés au moyen du 4e principe, et pour le rendre logarithmique, l'on emploira la 2e méthode expliquée dans le 1er cas, la 1re méthode exigeant pour son application certaine restriction que l'on ne trouverait généralement pas immédiatement.

Triangles rectangles. — Considérons maintenant les triangles rectangles; les principes qui serviront à leur résolution se déduiront des quatre principes qui nous ont servi à résoudre les triangles obliquangles, absolument comme nous l'avons déjà fait pour les triangles rectilignes, c'est-à-dire en supposant l'angle A égal à 90°.

Nous allons donc chercher ce que donne chacun de ces quatre principes dans cette hypothèse.

Si dans le 1er principe

$$\cos a = \cos b \cos c + \sin b \sin c \cos A$$

l'on suppose $A = 90°$, d'où $\cos A = o$, ce principe se réduit à

$$\cos a = \cos b \cos c$$

C'est-à-dire que l'on aura pour 1re relation *le cosinus de l'hypothénuse est égal au produit du cosinus des deux autres côtés.*

Les autres combinaisons données par le 1er principe ne renfermant pas l'angle A, il en résulte que nous n'obtenons pas autre chose de ce 1er principe.

Le 2e principe donne les deux équations

$$\frac{\sin A}{\sin a} = \frac{\sin B}{\sin b}; \quad \frac{\sin A}{\sin a} = \frac{\sin C}{\sin c}$$

Si $A = 90°$, $\sin A = 1$, et ces équations deviennent

$$\frac{1}{\sin a} = \frac{\sin B}{\sin b}; \quad \frac{1}{\sin a} = \frac{\sin C}{\sin c}$$

d'où l'on déduit

$$\sin b = \sin a \sin B; \quad \sin c = \sin a \sin C$$

Donc, 2e relation, *le sinus d'un des côtés de l'angle droit est égal au sinus de l'hypothénuse, multiplié par le sinus de l'angle opposé à ce côté.*

Le 3e principe donne les quatre équations suivantes, renfermant l'angle A

$$\cot a \sin b = \cos b \cos C + \sin C \cot A$$
$$\cot a \sin c = \cos c \cos B + \sin B \cot A$$
$$\cot b \sin c = \cos c \cos A + \sin A \cot B$$
$$\cot c \sin b = \cos b \cos A + \sin A \cot C$$

Les deux 1res renferment l'angle A d'une manière identique et donneront un même principe; il en est de même des deux dernières; mais le principe déduit de ces deux-ci sera différent du principe fourni par les 1res équations.

Si l'on fait $A = 90^\circ$ dans la 1re relation, comme $\cot A = 0$, cette relation devient

$$\cot a \sin b = \cos b \cos C$$

Pour diminuer le nombre des facteurs, divisons les deux membres par $\cos b$, il vient

$$\cot a \operatorname{tg} b = \cos C$$

Pour avoir moins de variété dans les lignes trigonométriques, remplaçons $\cot a$ par $\frac{1}{\operatorname{tg} a}$ et chassons le dénominateur, on a

$$\operatorname{tg} b = \operatorname{tg} a \cos C$$

La 2e équation donnerait la relation équivalente

$$\operatorname{tg} c = \operatorname{tg} a \cos B.$$

L'une et l'autre signifie que *la tangente de l'un des côtés de l'angle droit est égal à la tangente de l'hypothénuse multipliée par le cosinus de l'angle adjacent au côté*, ce qui est la 3e relation.

Si maintenant, dans la 3e combinaison, l'on fait encore $A = 90^\circ$ d'où $\cos A = 0$ et $\sin A = 1$, il vient

$$\cot b \sin c = \cot B$$

Remplaçons chaque cotangente par $\frac{1}{\operatorname{tg}}$, il vient

$$\frac{\sin c}{\operatorname{tg} b} = \frac{1}{\operatorname{tg} B}$$

chassant les dénominateurs et renversant l'ordre des membres,

$$\operatorname{tg} b = \sin c \operatorname{tg} B.$$

La 4e combinaison du 3e principe, donnerait

$$\operatorname{tg} c = \sin b \operatorname{tg} C.$$

Ainsi, 4e relation, *la tangente d'un des côtés de l'angle droit est égale au sinus de l'autre côté, multiplié par la tangente de l'angle opposé au 1er côté.*

Le 4e principe renferme l'angle A dans les trois combinaisons qu'il fournit, et qui sont les suivantes

$$\cos A = -\cos B \cos C + \sin B \sin C \cos a$$
$$\cos B = -\cos A \cos C + \sin A \sin C \cos b$$
$$\cos C = -\cos A \cos B + \sin A \sin B \cos c$$

La 1re combinaison donnera un principe, et les deux autres, qui renferment l'angle A de la même manière, en donneront un autre.

Faisons donc, dans la 1re, $A = 90^\circ$, d'où $\cos A = 0$; on aura

$$0 = -\cos B \cos C + \sin B \sin C \cos a$$

Faisons passer cos B cos C dans le 1er membre et changeons l'ordre des membres

$$\sin B \sin C \cos a = \cos B \cos C$$

Divisant par sin B sin C pour diminuer le nombre des facteurs

$$\cos a = \cot B \cot C$$

C'est-à-dire que la 5e relation est *le cosinus de l'hypothénuse est égal au produit des cotangentes des deux angles obliques.*

Prenons maintenant la 2e combinaison et posons $A = 90^\circ$, d'où $\cos A = 0$ et $\sin A = 1$ il vient

$$\cos B = \sin C \cos b$$

La 3e donnerait pareillement

$$\cos C = \sin B \cos c$$

Donc enfin 6e et dernière relation : *le cosinus d'un angle est égal au sinus de l'autre angle multiplié par le cosinus du côté opposé au 1er angle.*

Nous voyons donc que les quatre principes des triangles sphériques obliquangles en donnent six pour les triangles rectangles.

Les voici réunis dans un même tableau

1er... $\cos a = \cos b \cos c$

2e.... $\sin b = \sin a \sin B$ ou $\sin c \sin a \sin C$

3e.... $\operatorname{tg} b = \operatorname{tg} a \cos C$ ou $\operatorname{tg} c = \operatorname{tg} a \cos B$

4e.... $\operatorname{tg} b = \sin c \operatorname{tg} B$ ou $\operatorname{tg} c = \sin b \operatorname{tg} C$

5e.... $\cos a = \cot B \cot C$

6e.... $\cos B = \sin C \cos b$ ou $\cos C = \sin B \cos c$

Remarquons en passant que les 2e, 3e et 4e principes ont une certaine analogie avec les trois principes des triangles rectilignes rectangles, analogie qui aide la mémoire pour retenir ceux-ci.

Il est évident que ces six principes suffisent à la résolution des triangles sphériques rectangles, puisqu'il renferment toutes les combinaisons trois à trois des cinq éléments a, b, c, B, C, d'un triangle rectangle. Ces relations sont en outre d'un usage commode, puisqu'elles sont toutes logarithmiques.

Quand on veut retrouver facilement une quelconque de ces relations qui sont au nombre de dix en tenant compte des doubles emplois, on s'y prend de la manière suivante. Aux trois éléments qui doivent entrer dans la relation, on adjoint l'angle A; l'on écrit celui des quatre principes des triangles obliquangles qui contient ces quatre éléments, puis l'on introduit l'hypothèse A $= 90°$, ce qui fait disparaître les lignes trigonométriques de cet angle. Il ne reste donc plus qu'une relation entre les trois éléments primitifs; et cette relation est la relation cherchée, ou une relation de laquelle on la déduira par les transformations indiquées.

Une autre difficulté se présentera plus tard, ce sera le choix à faire de la relation propre à déterminer l'un des éléments d'un triangle rectangle au moyen de deux éléments connus. Pour cela, il faut faire attention aux parties du triangle qui entrent dans chacun de ces principes. Ainsi, d'après l'ordre que nous avons adopté,

Le 1er principe contient les trois côtés;

Le 2e — un côté, l'hypothénuse et l'angle opposé;

Le 3e principe, un côté, l'hypothénuse et l'angle adjacent;
Le 4e — deux côtés et un angle;
Le 5e — l'hypothénuse et deux angles;
Le 6e — un côté et deux angles.

Avant de résoudre les triangles sphériques rectangles, nous allons établir deux principes qui nous seront nécessaires quelquefois pour reconnaître si l'élément calculé est moindre ou plus grand que 90°.

1° Si deux côtés quelconques d'un triangle sphérique rectangle sont de même espèce, c'est-à-dire tous les deux $< 90°$ ou tous les deux $> 90°$, le 3e côté est toujours $< 90°$; mais si les deux côtés sont de différente espèce, ou bien l'un $< 90°$ et l'autre $> 90°$, le 3e côté sera toujours $> 90°$.

Pour cela reprenons la 1re relation

$$\cos a = \cos b \cos c$$

qui contient les trois côtés.

Si l'on a $b < 90°$ et $c < 90°$ ou bien $b > 90°$ et $c > 90°$, leurs deux cosinus auront le même signe; le produit de ces cosinus qui est représenté par $\cos a$ sera donc positif, et par suite $a < 90°$.

Mais si l'on a $b < 90°$, et $c > 90°$ ou bien $b > 90°$ et $c < 90°$, leurs deux cosinus auront des signes différents; leur produit ou $\cos a$ sera négatif et a sera $> 90°$.

La même chose a lieu, relativement à l'hypothénuse et un côté. En effet, la même relation donne

$$\cos b = \frac{\cos a}{\cos c}$$

Si a et c sont de même espèce, leurs cosinus auront le même signe; le quotient de ces cosinus qui équivaut à $\cos b$ sera positif et b sera $< 90°$. Mais si a et c sont de différente espèce, les cosinus sont de signes différents; $\cos b$ est négatif et $b > 90°$.

2° Dans tout triangle sphérique rectangle, chaque angle oblique est de même espèce que le côté opposé.

Cette propriété peut se démontrer soit avec la 4e, soit avec la

6e relation. Prenons par exemple la 6e et dégageons sin C, il vient

$$\frac{\cos B}{\cos b} = \sin C$$

C étant toujours $< 180°$, sin C est toujours positif, et, comme il est le quotient de cos B par cos b, il faut que ces deux cosinus soient de même signe et par suite que l'angle B et le côté b soient de même espèce, c'est-à-dire tous les deux moindres ou tous les deux plus grands que 90°.

Nous avons établi ces principes, parce que la règle des signes de la multiplication et de la division algébrique ne suffit pas toujours pour trouver l'espèce de l'élément inconnu. Supposons en effet que l'on cherche b ayant a et B. La relation 2e donne

$$\sin b = \sin a \sin B$$

Or, quelle que soit l'espèce de a et de B, le produit sin a sin B est toujours positif; il en est de même de sin b, et cependant, suivant les cas, b peut être moindre ou plus grand que 90°. La proposition démontrée a donc plus d'extension que la règle des signes.

Pour résoudre un triangle sphérique rectangle, il faut connaître deux quelconques de ses parties, l'angle A étant de 90°. Il en résulte qu'il y a six cas à considérer :

1° Connaissant l'hypothénuse et un côté;
2° — les deux côtés de l'angle droit;
3° — l'hypothénuse et un angle oblique;
4° — un côté et l'angle oblique adjacent;
5° — un côté et l'angle oblique opposé;
6° — les deux angles obliques.

1er Cas. — L'on connaît a, b; trouver c, B, C.

Pour avoir c, le 1er principe donne

$$\cos a = \cos b \cos c \quad \text{d'où} \quad \cos c = \frac{\cos a}{\cos b} \dots\dots (U)$$

Par logarithmes, log cos c = log cos a + colog cos b.

Pour calculer B, le 1er principe donne

$$\sin b = \sin a \sin B \quad \text{d'où} \quad \sin B = \frac{\sin b}{\sin a} \dots\dots (V)$$

Par logarithmes, log sin b = log sin b + colog sin a.

Enfin, pour l'angle C, le 3e principe donnera

$$\text{tg}\ b = \text{tg}\ a \cos C \quad \text{d'où} \quad \cos C = \frac{\text{tg}\ b}{\text{tg}\ a} \ldots\ldots (X)$$

Par logarithmes, log cos C = log tg b + colog tg a.

Quant à l'espèce des éléments inconnus c, B, C, on la déterminera facilement, soit au moyen de la règle des signes, soit au moyen des principes que l'on en a déduit.

Application. — Supposons que les données soient

$$a = 45^\circ\ 30' ; \quad b = 151^\circ\ 18'$$

il faut calculer c, B, C.

Pour c. *Formule* (U).

$$\begin{aligned} \log \cos a &= \bar{1},845662 \\ \text{colog} \cos b &= 0,056928 \\ \hline \log \cos c &= \bar{1},902590 \\ \text{arc correspondant} &= 36^\circ\ 57'\ 30'' \\ c &= 143^\circ\ 2'\ 30'' \end{aligned}$$

Pour B. *Formule* (V).

$$\begin{aligned} \log \sin b &= \bar{1},681443 \\ \text{colog} \sin a &= 0,146758 \\ \hline \log \sin B &= \bar{1},828201 \\ \text{arc correspondant} &= 42^\circ\ 19'\ 20'' \\ B &= 137^\circ\ 40'\ 40'' \end{aligned}$$

Pour C. *Formule* (X).

$$\begin{aligned} \log \text{tg}\ b &= \bar{1},738371 \\ \text{colog tg}\ a &= \bar{1},992420 \\ \hline \log \cos C &= \bar{1},730791 \\ \text{arc correspondant} &= 57^\circ\ 27'\ 10'' \\ C &= 122^\circ\ 32'\ 50'' \end{aligned}$$

Nous nous sommes contenté de faire ces calculs à la dizaine de secondes. Au reste, ils sont si faciles à exécuter que dans les cas suivants nous nous dispenserons de donner une application numérique. Il est également facile de voir pourquoi chacun des trois éléments inconnus est $> 90°$.

2e Cas. — L'on connaît b, c ; il faut trouver a, B et C.

Pour avoir a, le 1er principe donne

$$\cos a = \cos b \cos c$$

Par logarithmes

$$\log \cos a = \log \cos b + \log \cos c.$$

Pour B et C, l'on emploira le 4e principe

$$\operatorname{tg} b = \sin c \operatorname{tg} B \quad \text{et} \quad \operatorname{tg} c = \sin b \operatorname{tg} C$$

d'où l'on tire

$$\operatorname{tg} B = \frac{\operatorname{tg} b}{\sin c} \quad \text{et} \quad \operatorname{tg} C = \frac{\operatorname{tg} c}{\sin b}$$

Par logarithmes

$$\log \operatorname{tg} B = \log \operatorname{tg} b + \operatorname{colog} \sin c$$
$$\text{et} \quad \log \operatorname{tg} C = \log \operatorname{tg} c + \operatorname{colog} \sin b$$

3e Cas. — Ayant a et B, trouver b, c et C.

Pour b, le 2e principe donne

$$\sin b = \sin a \sin B$$

Par logarithmes

$$\log \sin b = \log \sin a + \log \sin B$$

Pour c, prenons le 3e principe

$$\operatorname{tg} c = \operatorname{tg} a \cos B$$

Par logarithmes, $\log \operatorname{tg} c = \log \operatorname{tg} a + \log \cos B$.

Pour C, l'on emploira le 5e principe

$$\cos a = \cot B \cot C \quad \text{d'où} \quad \cot C = \frac{\cos a}{\cot B}$$

Par logarithmes, $\log \cot C = \log \cos a + \operatorname{colog} \cot B$.

4e Cas. L'on connaît b et C, il faut trouver a, c, B.

Pour a, le 3e principe

$$\operatorname{tg} b = \operatorname{tg} a \cos C \quad \text{d'où} \quad \operatorname{tg} a = \frac{\operatorname{tg} b}{\cos C}$$

Pour c, le 4e principe

$$\operatorname{tg} c = \sin b \operatorname{tg} C$$

Pour B, le 6e principe

$$\cos B = \sin C \cos b$$

5e Cas. — Ayant b et B, trouver a, c, C.

L'on a successivement les équations

$$\sin b = \sin a \sin B \quad \text{d'où} \quad \sin a = \frac{\sin b}{\sin B}$$

$$\operatorname{tg} b = \sin c \operatorname{tg} B \quad \text{d'où} \quad \sin c = \frac{\operatorname{tg} b}{\operatorname{tg} B}$$

$$\cos B = \sin c \cos b \quad \text{d'où} \quad \sin C = \frac{\cos B}{\cos b}$$

Ce cas, est le cas douteux des triangles sphériques rectangles, et il est facile de voir qu'il y a toujours deux solutions. En effet, si l'on achève le fuseau dont l'angle est l'angle donné B du triangle, l'on trouve immédiatement deux triangles rectangles qui ont les mêmes données et dont les parties inconnues sont supplémentaires les unes des autres.

Ce cas se rencontrera en astronomie, lorsque, connaissant l'obliquité de l'écliptique et la déclinaison du soleil, il s'agira de trouver la longitude et l'ascension droite de cet astre. Ces éléments solaires varient entre 0° et 360°, et il n'y aura cependant pas d'ambiguité, parce que la saison de l'année fera connaître entre quelles limites ces éléments solaires sont compris.

6e Cas. — l'on connaît les deux angles obliques B et C, trouver a, b, c.

Pour cela on a les équations

$$\cos a = \cot B \cot C$$

$$\cos b = \frac{\cos B}{\sin C}$$

$$\cos c = \frac{\cos C}{\sin B}$$

Quand on commence à résoudre les triangles sphériques rectangles, l'on éprouve de l'embarras à choisir celui des six principes qu'il convient d'employer. Il faut se rappeler que l'on doit toujours prendre le principe qui renferme les deux éléments donnés et l'élément que l'on cherche ; et comme l'on doit savoir ce que renferme chaque principe ou relation, on se trouve ainsi fixé sur celui que l'on doit choisir

Triangles isocèles. — Nous remarquons ici, comme dans la trigonométrie rectiligne, que toutes les fois que le triangle sphèrique obliquangle estisocèle, il faut procéder à sa résolution en le décomposant en deux triangles sphériques rectangles.

Soit, pour exemple, le 2e cas des triangles obliquangles, dans lequel on connaît b, c et A. Supposons de plus que $b = c$.

Joignons le sommet A du triangle (Fig. 18) au milieu de sa base par un arc de grand cercle AD qui sera perpendiculaire à cette base. Dans le triangle rectangle ABD, on connaît c qui est ici son hypothénuse et l'angle BAD qui est égal à ½ A. On aura l'angle B et par suite C par la relation

$$\cos c = \cot \tfrac{1}{2} A \cot B \quad \text{d'où} \cot B = \frac{\cos c}{\cot \tfrac{1}{2} A}$$

Et le côté BD $= \frac{1}{2} a$ par la relation

$$\sin \tfrac{1}{2} a = \sin c \sin \tfrac{1}{2} A$$

Doublant $\frac{1}{2} a$, on aura le 3e côté du triangle ABC.

Il conviendra de s'exercer sur les cinq autres cas.

Avant de terminer, nous remarquerons que nous nous sommes plus étendus sur la trigonométrie sphérique que sur la trigonométrie rectiligne, parce que cette trigonométrie est plus importante pour la navigation, qui est le but de nos études, que la trigonométrie rectiligne, qui ne nous servira guères que dans la navigation par estime.

NOTE.

La résolution des triangles sphériques peut être simplifiée dans certains cas, au moyen de formules dont les unes, dues à Delambre, sont des relations entre les six éléments du triangle et dont les autres, dues à Néper, sont des relations entre cinq de ces éléments.

Formules de Delambre. — Nous avons exprimé, en fonction des trois côtés, les valeurs de $\sin \frac{1}{2} A$, $\cos \frac{1}{2} A$, $\sin \frac{1}{2} B$,

$\cos \frac{1}{2} B$, $\sin \frac{1}{2} C$, $\cos \frac{1}{2} C$; il s'agit d'utiliser ces valeurs pour trouver les formules de Delambre. Or, d'après la formule (6), on a

$$\sin \tfrac{1}{2} (A + B) = \sin \tfrac{1}{2} A \cos \tfrac{1}{2} B + \cos \tfrac{1}{2} A \sin \tfrac{1}{2} B.$$

remplaçons les lignes trigonométriques du 2e membre par leurs valeurs, on aura, pour la valeur de $\sin \frac{1}{2} (A + B)$,

$$\sqrt{\frac{\sin (p-b) \sin (p-c)}{\sin b \sin c}} \sqrt{\frac{\sin p \sin (p-b)}{\sin a \sin c}} + \sqrt{\frac{\sin p \sin (p-a)}{\sin b \sin c}} \sqrt{\frac{\sin (p-a) \sin (p-c)}{\sin a \sin c}}$$

$$= \sqrt{\frac{\sin p \sin^2 (p-b) \sin (p-c)}{\sin a \sin b \sin^2 c}} + \sqrt{\frac{\sin p \sin^2 (p-a) \sin (p-c)}{\sin a \sin b \sin^2 c}}$$

Si l'on fait sortir $\dfrac{\sin^2 (p-b)}{\sin^2 c}$ de dessous le 1er radical et $\dfrac{\sin^2 (p-a)}{\sin^2 c}$ de dessous le 2e ; les radicaux restants seront égaux et l'on pourra mettre l'un d'eux en facteur commun. Il vient alors

$$\sin \tfrac{1}{2} (A + B) = \frac{\sin (p-b) + \sin (p-a)}{\sin c} \sqrt{\frac{\sin p \sin (p-c)}{\sin a \sin b}}$$

$$= \frac{\sin (p-b) + \sin (p-a)}{\sin c} \cos \tfrac{1}{2} C.$$

Appliquant à la somme des sinus des arcs $p - b$ et $p - a$, la transformation connue (18)

$$\sin \tfrac{1}{2} (A + B) = \frac{2 \sin \frac{1}{2} (2p - a - b) \cos \frac{1}{2} (a - b)}{\sin c} \cos \tfrac{1}{2} C.$$

Mais $2p - a - b = c$ et $\sin c = 2 \sin \frac{1}{2} c \cos \frac{1}{2} c$.

Mettant ces valeurs dans l'équation précédente et simplifiant ; il vient, pour la première formule de Delambre,

$$\sin \tfrac{1}{2} (A + B) = \frac{\cos \frac{1}{2} (a - b)}{\cos \frac{1}{2} c} \cos \tfrac{1}{2} C \ldots\ldots (V)$$

on obtiendrait pareillement les trois autres formules

$$\sin \tfrac{1}{2} (A - B) = \frac{\sin \frac{1}{2} (a - b)}{\sin \frac{1}{2} c} \cos \tfrac{1}{2} C \ldots\ldots (X)$$

$$\cos \tfrac{1}{2} (A + B) = \frac{\cos \frac{1}{2} (a + b)}{\cos \frac{1}{2} c} \sin \tfrac{1}{2} C \ldots\ldots (Y)$$

$$\cos \tfrac{1}{2} (A - B) = \frac{\sin \frac{1}{2} (a + b)}{\sin \frac{1}{2} c} \sin \tfrac{1}{2} C \ldots\ldots (Z)$$

En partant des développements des 1ers membres, donnés par les formules (8), (7), (9).

Formules de Néper. — Si l'on divise (V) par (Y) et (X) par (Z), on obtient facilement

$$\operatorname{tg} \tfrac{1}{2}(A + B) = \frac{\cos \frac{1}{2}(a - b)}{\cos \frac{1}{2}(a + b)} \cot \tfrac{1}{2} C \ldots\ldots (V')$$

$$\operatorname{tg} \tfrac{1}{2}(A - B) = \frac{\sin \frac{1}{2}(a - b)}{\sin \frac{1}{2}(a + b)} \cot \tfrac{1}{2} C \ldots\ldots (X')$$

Puis si l'on divise maintenant (Z) par (Y) et (X) par (V), il vient en renversant l'ordre des membres et dégageant tg $\frac{1}{2}$ $(a + b)$ et tg $\frac{1}{2}$ $(a - b)$

$$\operatorname{tg} \tfrac{1}{2}(a + b) = \frac{\cos \frac{1}{2}(A - B)}{\cos \frac{1}{2}(A + B)} \operatorname{tg} \tfrac{1}{2} c \ldots\ldots (Y')$$

$$\operatorname{tg} \tfrac{1}{2}(a - b) = \frac{\sin \frac{1}{2}(A - B)}{\sin \frac{1}{2}(A + B)} \operatorname{tg} \tfrac{1}{2} c \ldots\ldots (Z')$$

L'on peut au reste obtenir ces formules directement de la manière suivante ; pour la formule (V') on a

$$\operatorname{tg} \tfrac{1}{2}(A + B) = \frac{\sin \frac{1}{2}(A + B)}{\cos \frac{1}{2}(A + B)} = \frac{\sin \frac{1}{2} A \cos \frac{1}{2} B + \cos \frac{1}{2} A \sin \frac{1}{2} B}{\cos \frac{1}{2} A \cos \frac{1}{2} B - \sin \frac{1}{2} A \sin \frac{1}{2} B}$$

Il suffit donc de remplacer sin $\frac{1}{2}$ A, cos $\frac{1}{2}$ A, sin $\frac{1}{2}$ B, cos $\frac{1}{2}$ B par leurs valeurs connues et d'agir d'une manière analogue à ce qui a été expliqué précédemment.

L'on pourrait encore employer le moyen suivant

$$\operatorname{tg} \tfrac{1}{2}(A + B) = \frac{\operatorname{tg} \frac{1}{2} A + \operatorname{tg} \frac{1}{2} B}{1 - \operatorname{tg} \frac{1}{2} A \operatorname{tg} \frac{1}{2} B}$$

Multipliant le 1er membre par $\frac{1}{\cot \frac{1}{2} C}$ et le 2e par son égal tg $\frac{1}{2}$ C, on obtient

$$\frac{\operatorname{tg} \frac{1}{2}(A + B)}{\cot \frac{1}{2} C} = \frac{\operatorname{tg} \frac{1}{2} A \operatorname{tg} \frac{1}{2} C + \operatorname{tg} \frac{1}{2} B \operatorname{tg} \frac{1}{2} C}{1 - \operatorname{tg} \frac{1}{2} A \operatorname{tg} \frac{1}{2} B}$$

Il suffira alors de remplacer tg $\frac{1}{2}$ A, tg $\frac{1}{2}$ B, tg $\frac{1}{2}$ C par leurs valeurs en fonction des trois côtés.

Même marche pour la formule (X').

Quant aux formules (Y') et (Z'), elles s'obtiennent au moyen des formules (V') et (X') que l'on applique d'abord au triangle supplémentaire A'B'C' (Fig 17) du triangle ABC, et que l'on rapporte ensuite à ce triangle ABC au moyen des relations connues

$$A' = 180^\circ - a\,; \quad B' = 180^\circ - b\,; \quad C' = 180^\circ - c\,;$$
$$a' = 180^\circ - A\,; \quad b' = 180^\circ - B\,; \quad c' = 180^\circ - C.$$

Il est facile de voir comment ces formules peuvent servir à résoudre les 2e, 3e, 4e et 5e cas.

Havre. — Imprimerie Commerciale COSTEY Frères, rue de l'Hôpital, 4 et 6.

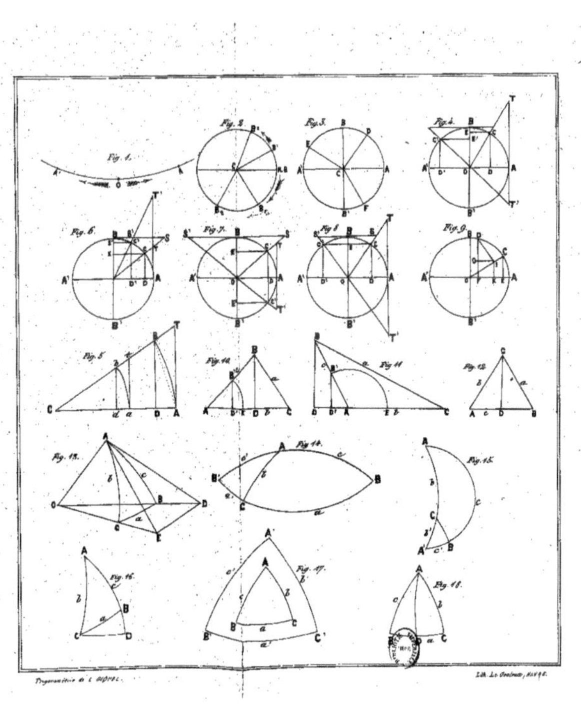

Fig. 1.
Fig. 2.
Fig. 3.
Fig. 4.
Fig. 5.
Fig. 6.
Fig. 7.
Fig. 8.
Fig. 9.
Fig. 10.
Fig. 11.
Fig. 12.
Fig. 13.
Fig. 14.
Fig. 15.
Fig. 16.
Fig. 17.
Fig. 18.

www.ingramcontent.com/pod-product-compliance
Ingram Content Group UK Ltd.
Pitfield, Milton Keynes, MK11 3LW, UK
UKHW051023210726
13857UKWH00007B/1256